日本廣告帶給我感動

賴東明 著

作者序：拾穗得自拾荒

一般家庭日常需要柴、米、油、鹽、醬、醋、茶，以維持正常生活。既有需要者，就會有供給者，供給者常以廣告來促銷其商品，而需要者常透過廣告來知曉其所需之商品。

人人需要食、衣、住、行、育、樂等令生活過得順益快樂。為滿足需要則透過廣告，先認識其所欲之商品，免得購買後失望。

從生產銷售者而言，廣告是市場行銷上的尖兵，而從消費購買者來說，廣告是市場行銷上的指南。臺灣的廣告代理制起源於一九六〇年代。深受日本廣告代理制度的影響。其原因是：日本廠商較早於歐美廠商來臺設廠行銷。

因此，日本作風先風行於臺灣，日本廣告公司亦較早與臺灣廣告代理商進行業務合作。

筆者於一九六二年進入國華廣告就深受日本廣告公司電通之影響，且在就職中有二度機會前往日本電通公司實習。

從廣告作業、廣告業務、廣告創作、廣告傳播、廣告調查等來看，臺灣不如日本，是當時定論。

這使當時進入國華廣告公司的筆者，既使就業或實習，往往感到差別甚大。因此，日常下決心，要努力追敵。所以有公開的資料，就積極收集，有如拾荒者，而那些如垃圾的則在後來變成落穗而生出價值。終使價值連城。

幸而「荒」變成「穗」，才有本書的出現。本書拾荒自日本報紙及雜誌等，因此日本味較重。但，日本的荒廢如能變成臺灣的穗實，亦是一種愛物成果。若能對廣告人有所助益則本書會有其價值存焉。

目錄

廣告裡的日常與哲理

廣告裡的美好與力量

讚日本報紙的大學廣告

十所大學的建校初心不變，經營雄心變大

修身養性，對個人而言是一輩子的事。然在人生當中，大學是一所重要的處所，也是一段加強品格培養的階段。

在日本各大學招收新生的夏天時節，一份日本影響力極大的報紙出版了專輯，刊登了著名私立大學的廣告。茲將蒐集到的大學廣告摘要介紹如下：

一、拓殖大學：標題是「在世界上能開拓自己」，副題為「培育在世界舞臺上能活躍的『拓殖人才』」。

二、青山學院大學：標題是「養成能開拓未來的奉獻性領導者」，副題為

「能再確認青山人的傳統，揭旗樹立全球視野的新策」。

三、創價大學：廣告標題：「是培養『世界公民』的大學」，而其副題：「基於建校理念的國際化傳統，將與畢業生結伴推向世界」。

四、東京國際大學：廣告標題是「把國際化的傳統推廣在未來」，其副題為「澈底的英語教育與專門教育，以提供實踐夢想的方法」。

五、東京經濟大學：廣告標題是「把一百一十五年的傳統推向未來」，其副題為「以研究為重的學習力，以品質為先的就業力」。

六、學習院大學：標題是「學習眼望世界所需者」，其廣告副標題是「二〇一六年新設國際社會科學部。培養通用於世界的『基礎體力』」。

七、淑德大學：其廣告標題是用英文表明的，意譯華文則是「與他同在」，而其副題則為「支持過去五十年與支撐將來五十年，均在『共生理念』的教育實踐」。

八、成蹊大學：廣告標題：「並非巨大大學。是以教育會深透至各個學生心身裡，其力甚大」。副題為：「培養主體的解決問題能力，以研討會為中心的少人數教育。成蹊在創人」。

九、千葉工業大學：其廣告標題是「追求對象是絕對，無理」，其副題為「在一般人絕對不可能當中，會有超越人智的發現」。

十、芝浦工業大學：其廣告標題可譯成：「沒有變化的原點」。而在其內文則云：「培養從社會學習，向社會報答的技術人才，正迎接八十八年」。

上述十所大學中，拓殖大學與臺灣有關，是日本明治時代的政治家桂太郎公爵所創設，當初名稱為「臺灣協會學校」。青山學院大學是基督教系大學，由幼稚園而中學，到大學。創價大學是在二次世界大戰後由佛教宗教家池田大作所創立，力求創出價值，有宗教與政黨支持，並與香港中文大學、泰國的朱拉隆功大學及俄國的莫斯科大學等三校，簽有交流協定，實現國際和平。東京經濟大學是由商人捐資設立，由商業學校擴升為大學的。該商人名為大倉喜八郎。他另擁有日本二大名店之一的大倉大飯店，在臺北有分店。學習院大學本來是日本皇族、貴族之子孫受教所在。打贏日俄戰爭的名將乃木希典曾任該校校長，他並曾任臺灣總督。成蹊大學的學生入社會後出現不少菁英，目前日本首相安倍晉三是其中之一。

從這十所刊登廣告的大學來看，其歷史有久短，其規模有大小，其理念有異同，然其志氣則有相同或類似的繼往開來，邁向世界，培養人才……等抱負展志。其建校初心不變，其經營雄心變大，實值佩服。

十所大學做廣告，看來是在增多其聲名，加強其信譽，實值臺灣的大學也勇於做公關。

該十所大學廣告在《讀賣新聞》報上刊登，應會吸引學生及其家親，充分發揮了報紙的社會性、服務性、價值性。

利他的公益會增大報紙的存在價值。一生從事廣告者如此期盼。

原載於《講義》二〇一八年六月號「溪邊小草」

百年喜在廣告裡

企業百年慶的廣告，如何充分展現品牌堅持、與時俱進、創新的決心？

年年有喜，百日有慶，也月月有愁，時時有憂；人生易過也難渡。然不能不與時俱進。唯有正向迎接，遠離負面方向，才能使人生有價值，而不致於荒廢一生，人生百年時代來臨！

信仰在廣告裡

人生有苦痛，或要許願，有一則廣告告訴您去「四國八十八所」，巡禮是日本弘法大師空海，留學唐朝回日本後所開創，事情發生一千兩百年前。

四國列於日本列島中的南端，接近九州。回國後的空海大師為修行其佛法，在四國島周開設立了修性場所佛寺八十八所，如此可繞成一圈以完成心願。

日本電通，年年有職位升階者，該員工則需在七月一日，公司創設日去爬登富士山；而日本企業之高層，則在暑天去巡禮四國八十八所，以期業務邁進或以謝目標達成。

四國八十八所佛寺皆處在山川草木間，日本既信仰神道又信仰佛道，真符合日本人傳統的「山川草木悉皆有佛性」之信仰。

人生信仰在廣告裡。原為宗教信仰勝跡，如今則擴大而成觀光旅遊勝地。四國八十八所能擴大其價值應在其本身進化。

百年企業，仍與時俱進

而有一百一十年歷史的旭玻璃公司則刊登廣告，訴求「唯有持續進化才能生存」；其內文則寫：「吾等生存於激動時代。既使被譽為有最新的技術，如不能配合時代的變化，也會被人淘汰。過去一百年，本公司以技術革新持續提供了許多產品給產業。今天適逢公司創立百週年，吾等將為世界的人人生活，更豐富、更方便而持續進化」。

變化貴在進化而不是退化，廣告裡告訴我們，人的生活要有進化，而不是變化或成退化。百年人生在人生「五十歲時」年代，及人生「七十古來稀」時代真是難求，但在「人生百年壽命」時代，當今或將來的年代不該會太遙遠；而今覺得是在剎那間走過來。

Nikon相機公司的百年慶廣告裡有言：「在其剎那間，留下不曾有過的精彩。」一拍手叫好，笑聲開懷均是人生美妙姿態，然只有一瞬之短暫，稍縱即逝的美景。人的記憶難將其牢記。

Nikon相機則可將其留存，記錄久遠。該公司在其百年慶時刊登廣告實在適時。百年時間易逝，然紀錄較易久留。故需要家譜、校史等知識庫。

創造有汽車的人生

日本汽車已在美國汽車市場超越美國三大品牌的數量和品質了。然日本汽車高級品仍無法超越德國品牌汽車。是以德國賓士汽車連年進入日本汽車市場。

能有這般成就佳績實賴於幸有其總經銷商——YANASE。該總經銷商YANASE刊登廣告寫著：「YANASE的百年，沒有奇跡。」內文說：「是我們的售後服務，獲得了企業的滿意，顧客的喜愛。止於至善的服務獲得用戶的信賴，以此迎接一百週年慶。」該YANASE汽車商有其企業理念，就是「不製造汽車，而是在創造有汽車的人生。」此理念明顯註記在廣告裡。

並在另一張廣告裡寫著：「YANASE的今日始於百年前。」可見其有今日之成就，該是百年來不靠奇跡，而是憑己力辛苦經營得來的。令讀者心感慚愧又鼓舞。從上觀之，YANASE的創辦人應是愛車的人。但其愛車方式則不在造車而是在賣車，且堅持了一百年。

社區型百貨，貼近人心

有家百貨店也在東京近郊的大森地方經營百年，店名為大森百貨店。是社區性商店。雖以賣物品為主，然為實踐其經營理念的社區商店，又兼辦各種活動，以招引客人與服務顧客。其商法應是一舉兩得，物品與人們的循環策略。

在其廣告裡，如是說：「大森的百貨店是百年的森林。」意味，願與大森地區的居民，持久往來以建設繁榮的社區，期使地區居民感受住在良好社區裡。有百年森林，百年老店。

大森百貨商眼中有地區，腦中有居民。不忘地區繁榮，不忘居民舒適，持續改善商店以秉持過往百年之受愛顧及繼往開來，實有企業良心。並將此百年承先啟後，印在廣告裡實足加強本身的意志，並加深讀者的信賴。過路之百年已有實績，來路的百年應更佳！

百年萬歲，百壽福氣！日本電通公司是世上著名的廣告公司。多年前在其公司創立百週年時，曾將公司股票公開上市，並落成新大樓於東京汐留，邁向另一個新世紀。此活動膾炙人口多時。

從上述五家企業之百年慶廣告來看，各家有百年來之辛苦，也有辛苦後所得之成就。更將以繼往開來，承先啟後的精神來服務人群，實值得期待、學習與尊敬。

原載於《動腦》No五〇八，二〇一八年八月

人生氣魄在廣告裡

看看日本各大品牌，做了哪些充滿魄力的報紙廣告？自我勉勵期許同時，也感謝所有大眾支持。

常有人說，人要有氣魄才能克服困難成事，如二次世界大戰時的英國首相邱吉爾。

給向世界挑戰的人

日本球員大谷翔平最近加入美國球隊，在美國職業棒球大聯盟上大放異彩。世界著名的精工錶SEIKO找來了大谷翔平來擔任其新品代言人。廣告標題寫著「給向世界挑戰的人」。

新品手錶是以太陽能發電的新技術產品，不像普遍的石英、電子、機械。大谷翔平球員在美國棒球世界裡是新人，卻是入籍參賽不久，其成績、表現就轟動球界，備受讚譽。

大谷翔平挑戰美國球界可謂成功地表現了其選擇的氣魄，早在大谷翔平於日本球界時，精工錶就挑選其作為代言人，精工錶的眼光、氣魄也是正確的。

大谷翔平是挑戰的人，而精工錶也是向世界挑戰的廠家，其實精工錶早在四十至五十年前就曾以石英錶挑戰了當時稱霸世界的機械錶，而獲得成功。

沙漠的水管，生命的血管

吾等做事向前進，未必時時順意，有時候會有阻擋而前進不得。就稱之為碰壁。日本久保田公司有一則廣告，其標題有言：「有牆壁在，所以要前進」，而其內文有一段如此寫著：「一片灼熱大地，超過攝氏五十度。」

今日久保田在其他深處，為居住在該地的居民持續運搬著「支持生命的水」，話不必說。在人眼看不到的任何地方，都有久保田建設器材進行著「沙漠的水管，生命的血管」工程。久保田公司明知沙漠中有阻擋工程之牆，而有魄力向前挺進。

美國總統在競選總統時，諾言要在美國與墨西哥國之國境築牆，以防止墨國人偷渡入境，影響美國人生活品質，不知其競選諾言已兌現否？反觀久保田公司之默默不語，為沙漠居民建造地下水管，以維持其日常生活，保持其可貴生命。真是夠魄力。

為謀求世界人民之生活美景，各國不可有私心，而應同心。此理念曾由世界各國賢哲倡導，且已沒有聯合國在案。然其成效似遠離世界各國人民之期望。

努力是必須的。故有日本一家公司在廣告上說：「共同邁前，走向世界。」該公司不只要自己努力前進，也要與世界共同發展。世界的和平如果來臨，則各地將會有多彩多姿的景象出現，而使人人愉悅過生活，享受安全生活。

百週年慶，品牌自我期許與感謝

日本一家化學公司ＤＩＣ刊登廣告，除了高興自己過一百一十週年慶外，還願望世界「人人心中有多彩」。內文有段說其心願：「身邊周邊物品如色彩豐富，人人心地也會美麗多彩起來。本公司如此信念。在創業一百一十年的今年，順應社會或顧客的要求，願從身邊多彩豐富，進而使日本、世界也多彩多姿起來」。

這個化學公司的創業理念，週年誓言著實令人值得學習與效法。

一百一十年前就有創業理念如上述已令人佩服，而堅持創業理念一百年的一家汽車商也令人起敬。這家汽車商名叫YANASE，其廣告主題云：「持續支持一世紀」，副題則說：「不造汽車，而是造有汽車的人生。」內文有段說：「自從一九一五年創業以來，本公司持續思考著進口汽車在日本的需要是什麼。當然，是全國性的服務網以應對顧客，提供高品質的技術服務。為使顧客擁有安心、自在的進口汽車。此標章『YANASE』，是吾等持續支持的決意誓言。」

該YANASE汽車商如此地推動售後服務為公司業務且堅持百年，難怪其所代理銷售的進口汽車品牌深受汽車王國日本人的信任。魄力生信心。YANASE汽車商真有氣魄！堅持企業理念百年，而NTN也在今天度其百年。

NTN在適逢百年慶刊登了廣告。其標題是「迎接創業一百週年」，而其文案則是：

來想一想，過去一百年做了什麼？想一想，今後一百年會做什麼？鋼球技術已使世界順滑的NTN。從汽車、鐵路、飛機到家電、升降梯、人工衛星。

百年前誰也想像不到順滑的動作會出現在現今。是以百年後的未來，相信會有超越的順滑動作流行於世界。所以來開始吧！為下次的工作來創新。未來的汽車，天然能源、機器人等。向更順滑的百年。NTN要動了。

ＮＴＮ在報紙廣告上反省過去百年，展望今後百年。有魄力地告訴大眾，為將來百年ＮＴＮ要有動作了。看來多有氣概！鼓掌祝福！

日本7-11，突破二萬家分店

在努力後所獲得的成果是令人鼓掌祝賀的，也令自己感到安慰。日本的7-11連鎖店達成其目標二萬店而刊登感謝廣告。一方面感謝大眾，一方面勉勵自己。夠魄力！7-11的廣告如是說：「各個的店皆有故事，數不清的重壓」。而其內文則說：「心繫明天，7-11已成日本第一店鋪數的二萬店！」多有氣魄的豪情語！

7-11在文案內分析自己能致成如此，是「來自日常使用本店的大眾顧客，業務有往來的企業，尚有加盟店等的奮鬥努力」。多謙虛，有功不獨攬！接著在廣告裡表示其決心：「安全、安心及健康，將是7-11更加注力量的所在」。

除了在廣告上表示謝意外，還期盼與您共勉明天以創佳績。請看下次魄力。

總之，從上述數種企業的廣告看出來，各個有氣魄方能有廣告內的表現。而氣魄來自創辦人，源自經營層、管理層，湧自全體員工。有氣魄的企業或個人人生實值大家去效法。

原載於《動腦》No五一一，二〇一八年十一月

人生誓志在廣告裡

日本企業常在創立日週年慶時，刊登廣告銘謝或拜託，其中有哪些新奇獨特的廣告創意呈現？

人會發誓立志常在首創日，而其志是否實行，程度、方向則常在紀念日時加以檢核。企業則多選在週年日回顧品牌是否秉持初衷。

人志、人言的實現狀態，要時常檢查反省，而最重要的時間點，在於年末或新年度的一開始。誓志立言的進度，則在重要節日時查核，其中包括進度、內容的檢核，例如，新年度是否持續或修正，則常在年度的一開始就下決定。

因此，日本企業常在其創立日週年，刊登廣告銘謝或拜託，或雙管齊下。

以下用幾則廣告來說明這樣的情況：

安心財團

是金融機構，其全名為「財團法人中小企業災害補償共濟福祉財團」簡稱「安心財團」。

安心財團的服務對象為中小企業。其財團歷史與業務，就是提供金融財務規劃與中小企業相伴向前行，而五十年來的相伴同行，留下鮮明足跡成績。

難怪在廣告裡，極有信心滿足地說：「作為中小企業的伴隨者，所幸已有五十年。此後會將過去的感謝，變為今後的力量，從今起踏出新的一步」。

杏林製藥公司

是名符其實的藥廠，生產產品的品牌名為Milton。在其廣告上標題有云：「今後也不會改變的安心。」是向大眾、向過去與現在消費者訴求，本藥廠對你不會變心，產品依舊安心可用。」而內文則寫著：「能養育孩子是幸福。

但，有時會傷腦筋。Milton品牌守護日本小孩持續已有五十五年。」

廣告的文案與圖案簡單明瞭，就是請讀者放心，本商品有五十五年的市場考驗！有信用、有不變的心，持續著五十五年！

精工SEIKO鐘錶公司

是百年的製錶公司，其品牌揚名於世。鐘錶在機械時代，精工品牌曾領軍日本，在東京銀座地區和光堂店，販售世界名牌品，當然自己品牌精工亦在其列。一九六〇年代，精工品牌以石英動能打垮歐美的機械品牌，如今精工錶已走向太陽能動力的計時功能，使世界名牌手錶追隨。

精工鐘錶五十五年來，一直以「超越自己」，「給挑戰的人」製售鐘錶。一九六〇年代後其鐘錶與OMEGA錶並駕其驅，成為世界運動競賽會場上的計時器。

肯德基

著名的世界性連鎖店，專賣炸雞。其在日本也有分店服務日本民眾。其歷史已有四十五年。在四十五週年時，曾刊登全頁廣告，宣誓其業務革新。

廣告標題如下：「更好品質、更好服務、以更新肯德基。」而其文案則為：「從一九七〇年在日本創業以來，肯德基就持續關心日產雞肉的整體概況。從今年開始，創立四十五週年，終於決定使用百分之一百的日產雞肉，致力將日產雞的良質肉、好味道，全都放在菜單上。」

肯德基日本在今年逢四十五週年，立下此諾言服務日本，是週年慶的宣誓！

丸美屋公司

這家食品公司，專門生產米飯上的美味添加物，老少咸宜，尤受幼童、老人、病人喜愛，讓米飯更添加好滋味。

該公司在創立四十五週年時刊登廣告，其標題為「與米飯一起持續久遠」。而文案則說：「成為大人之後，變為母親，大家一起吃飯的美味，在任何時候都不變。今後，海帶蛋，會與家族及吃飯，常在一起。願這樣每日的幸福，會持續久久。」「感謝海帶蛋已發售四十五年」，多厚重的週年謝詞。

筆者幼年時曾常將海帶蛋加在熱騰騰的米飯上，快快樂樂送進口裡。看此廣告，想起當年溫柔、貌美、辛苦持家的母親。

一直連公司

是家商社型控股公司。其公司理念標明著「一年一番的每日」（譯為華文則為在一直連，第一名的每一天）。

在二〇一四年曾刊登其八十五週年的廣告。廣告設計畫面醒目。其標題：「一年又一年的累積，第八十五年的一年」。除了此，及「一」的圖案八十四塊外，未有文案在其廣告版面內，連續幾天與讀者共享：

一、平日常不懷好意地說，「網路是什麼」的爸爸，卻有一天，說今天是網購日。

二、被求婚喜極而泣，卻因為眼鏡罩薄霧而看不到前面的一天。
三、與其迎接紀念日之小驚喜，不如未忘記紀念日之大安心。
此八十五週年企業的紀念日廣告，別具一格。從其素雅且懸疑的廣告裡，領悟了企業壽命是一年又一年一直連著的，每年都需不斷追求第一，夠辛苦，但很堅強。
總之，每逢佳日，各企業就會立志，誓志來使自己的佳日更值紀念。吾等個人也如企業可立定自己的佳日，來立志或反省過去的自己，踏出將來的自己。鑑往繼來吧！誓志今日將成於他日！

原載於《動腦》No五一二，二〇一八年十二月

廣告裡有人生這一天

日子有其意義，吾等該好好吟味，請好好掌握這一天，好好運用每一天。

去年十一月十一日，日本報紙上有一則相機店廣告訴求著：「今年十一月十一日，是購物的好日子」，並強調「點數贈品的好處」。

單身之日 購物好日子

此外，又刊登另一則廣告，在訴求今天十一月十一日是「購物好日子」，強調商品價格降價。一家銷售店在同天、同一報紙刊登二則巨幅廣告實是罕見。但對消費者來說，是好事。

《讀賣新聞》有報導，中國訂定十一月十一日為「單身之日」。阿里巴巴集團的網路銷售額為二千一百三十五億元，比前年增百分之二十七。如此成為市場上年度大活動。該集團宣稱給單身者有購買商品之樂趣，卻連嬰兒尿布也成為銷售物品上位者之一。

這一天，十一月十一日在日本是「購物好日」，而在中國則是「單身之日」。日本人有很多紀念日，除了官方制定的之外，也有民間自定之紀念日。茲依據蒐集到的廣告或新聞披露如下和讀者共享。

創意紀念日 盼世界更友善美好

十一月十二日這天，根據報紙廣告，方知是出版社幻冬舍成立二十五週年紀念日。為紀念週年日所以出版了作家百田尚樹的《日本國紀》。廣告上說：「平成最後之年出版；是日本通史之決定版」，又說：「沒有任何故事可媲美日本史的心爽。我或許是為寫這本書而被生出來！」或有誇大之言，然其雄心可令人佩服。

十一月十三日是「良好膝蓋之日」。這是一家製藥廠的廣告，廣告上說：「良好膝蓋，使人生好好」。內文擇譯則如下：「嚴冬將來，膝蓋生病之時將來；心思其預防或治療而想出制定十一月十三日是良好膝蓋之日。日日健康走動，人生快樂才會來。是故，良好膝蓋不可無。」這是藥品廠家自家制定的日子，能否擴大成為全社會性，有待觀察。

「明日，十一月十四日是世界糖尿病日」的廣告，版面小但在明顯位置，只是沒有廣告主的名稱在其內。這種情況不合廣告常理。讀者即廣告受知者就是不知道傳播該善意廣告刊播者是誰？如此則原意不是變成適得其反嗎？

和食之日

十一月二十四日是「和食之日」的廣告，是由社團法人和食文化國民會議所刊登。該和食會議已是向聯合國文教科會申請無形文化遺產登錄畢。

該廣告內文述說，秋天是成熟結實之季節。全國各地正在盛大舉辦感謝自然，祈禱五穀豐收的盛會中。和食文化國民會議今年迎接著「和食，日本人的傳統食文化」五週年紀念遺產登錄事，要將此項遺產保護、繼承給次世代，因此將十一月二十四日訂為「和食之日」，而十一月則為「和食之月」。此後將會與各社合作推動各項活動。

月曆已是目前的熱門送禮文物。在報紙廣告上已可見聯會廣告在推銷各種月曆，家計簿日曆、認知症預防手冊月曆、巨人棒球隊月曆、開運日曆等。這些不同內容的月曆可在市場取得，其第一天就是二〇一九年一月一日。就在這一天，新的人生就開始。祝福人人新的年度有新的幸福！

好好運用每一天

一月一日是二〇一九年的始日。而一月二日則是日本東京二十三所大學學生的東京至箱根間來回的馬拉松比賽。

廣告已有預告出現在報紙上。大學學生的比賽是採取傳棒接力方法。是以各大學需組隊參與。年一開，東京都內的大學生就如此鍛練身體，實在令人可感。其比賽的沿途將會有滿路上觀眾為學生鼓掌加油。將會是東京年始盛事活動。實值吾等深思。

十月九日是熟成之日，這是人人愛吃的火腿廠家伊藤火腿公司的廣告上語，且訴求經日本紀念日協會認定。實值吾等來推動。

總之，日子有其意義，吾等該好好吟味，同時日子快過，吾等該好好運用。莫少年易老，老無成。請別浪費了這一天而終生遺憾。

請好好掌握這一天，好好運用每一天。祝福天天都是這一天。廣告裡的這一天可創新價值的人生。人生價值在此。

原載於《動腦》No五一七，二〇一九年五月

新中有舊，舊中有新

迎接新局面的各種方法

人喜新，也求新，因此就有人造新，使日常生活、整個社會充滿喜新氣氛。新春降臨人間，更有新人、新品、新名、新事……等，來形成社會新氣象。正如家庭要有新人以傳宗接代，企業要有新人以永續經營，社會要有新人以繁榮人間。

日本三得利公司是聞名於世借的日本企業，其廣告有標題云：「新人啊，別失掉個性」，而內文大意可譯為：

新社會人恭喜，今天，不管你在任何街市，任何職場，做任何事，該處所就是你的社會人之出發點。一就位，就能做起事來嗎？沒那麼簡單。不過別洩氣，前輩們不都在努力做事嗎？事情沒有不必辛苦就能做好的，工作也無簡單之精通方法。前輩們的做事都有理由的，要將方法附著於身上。然而，古來的方法也可能已不合於今後的時代。

今天，世界日新又新，正在追求新的喜悅。你不是新人嗎，該如何做呢？

你，唯有你，才會實現應變。

不必害怕嬉笑怒罵，社會，企業，職場，正在祈求著新的力量。

最後，提醒你，你的個性，不是「只要我喜歡就好」的低劣品性。別成為只問求名、賺錢的人。人要有品格。那才是像人樣的人。

如果累了，傍晚時分來小酌一杯吧。順祝成為新人的你。

酒能解愁，又能壯志。經過著名作家之筆，新社會人應懷抱無比覺悟與鼓勵來進入社會、企業、職場，而後定會學習前輩的努力作為而有一番表現吧。

日本東京銀座區域是著名的遊覽、購物、飲食……等勝地，然也在日新又新地努力變換其面貌。四月四日有無印良品店、無印旅館銀座及無印餐廳在同棟大樓之上下同時開幕，給了既有銀座新氣象。該大樓是由在日本發行量最大的《讀賣新聞》報社所擁有，一到六樓是無印良品店，六到十樓是旅館，地下一層是餐廳。這種格局在就有銀座區域別具一格，給人面貌一新之感。眾人皆盼其將聚集客之吸引力，對地區創生將有貢獻力，成為新的迷人地。

樓下商店有銷售床、沙發、毛巾、保溫瓶、食器……等生活用品，而樓上旅店則使用同品牌商品，如此上下樓共同發揮同牌商品之行銷交叉戰略，甚有新象：顧客被上下樓層之同牌同質商品之刺激，而產生認知進腦，進而可能有體驗行為，增加消費。上下樓服務與商品之並肩策略，真是難得見的新奇行銷。

無印良品的旅館、商店、餐廳三項新誕生於銀座同棟大樓，將會使顧客感到方便無比，真是良好的企業策略。祝其日新又新，也期待將其銀座模式擴展至臺灣。

無印良品創新通路是因業務需要，而如果企業名稱之更新，有怎樣的取名方式呢？

三井人壽保險為更新企業名稱，刊登報紙廣告宣布。其廣告標題即為舊名與新名並列：「三井人壽保險變名為大樹人壽保險」。由三井更名為大樹，一目瞭然。其內文則為：「在大地上牢牢展根，晴天、雨天都實在地保護客人，會有很多人圍攏一起，恰如大樹般的保險公司。」淺顯易懂。新名稱就有新使命。眾人將期待著。

「大樹」之企業新名，是來自舊名的企業名稱「三井」，由舊生新。也有企業合併而將企業名稱更新。以下即為一例。廣告標題云：「那就這樣子」，而廣告內文則是：

對方是共同支持日本成長且切磋琢磨者，是不可另眼看待的存在。

為要度過新的變化時代，該兩個企業，得到了一個答案。

是啊，為未來，該來結伴一起。

因有這樣的發想，所以經營統合了。

既重視歷史，也想成為柔軟、大膽、可改變自己的企業。

你好，初次見面。我是出光昭和貝殼公司。

有意成為必要的存在以超越從前。你的街頭服務站將會變新。

這是日本出光石油公司、昭和貝殼石油公司，二家合併為一家公司時的廣告。二家合併後的公司新名，是原來二家公司名稱的並列。

其合併新成一家，但其名則為舊名二個並列。在其廣告版面上有一句云：「人是無限的能源」，但願新公司的人員，今後能成為新公司遠景無限的能源。不要在乎兩個各自的舊公司，而要在乎一個合併的新公司。如此合併為新公司才有意義。

日本於五月一日新天皇即位，朝代名稱公告為「令和」，使用了三十一年的平成朝代將隨同明仁天皇退位而成為歷史名詞。

就在新進位而舊退位的四、五月間，有家雪見大福糕餅店刊登了一則廣告，云「即使改為令和，『福』的形狀不會變化」。畫面秀出二十四種平成時代暢銷的糕餅。並舉辦投票活動，要顧客投票選出一種雪見糕餅，以便贈送給一百名顧客，此活動將於令和二年終止。由此可見糕餅店為拉緊舊客及開發新客，經營得十分辛苦。

另有一家出版社，則刊登廣告，要求正在使用該社的二〇一九年記事小冊之客人加入修正作業，將二〇一九年的平成年號改為令和年號，並將休假日更新，以藉顧客之手來完成未完成之手冊。高橋書店為此突如其來的變化，並有勞顧客高抬貴手完成二〇一九年版記事手冊之事，表示由衷歉意。高橋書店出版社如此尊重顧客，應會使有心人感動與學習。這種「我年中有你，你年中有我」的處理方式，將會如其本身廣告上的一句話：「書寫未來。留給未來。」高橋書店對突發性事件以歷史性思考提出了迎接新局面的方法——請顧客將手中舊品改為新品工作。此舉甚為高超。

總之，經營企業或處理生活事均會遭遇新的挑戰。上述所列是成功解決的實例，僅供參考。祝福各位日新又新。

原載於《講義》二〇一九年六月號「溪邊小草」

廣告裡有人生前進

看日本品牌、企業如何透過廣告，向大眾宣傳正向的能量，以及自我期許？

在吾等日常裡，常有耳提面命的做事要超越他人，要向前進步等，於是養成一種人生觀——不進則退。在蒐集到的日本報紙廣告也有此種味道。茲列舉如下：

建立安全又安心的社會

其一：日本農業共濟會的廣告，其標題為「豐收的喜悅」而內文大意是：「將日本文化與豐富感性傳給下一個世代。日本農業共濟會的全國小、中學生書法比賽已迎接六十回。誇耀於世界的日本傳統文化——書法。透過專注、傾力於一點一畫上，培養小孩的高度、豐富、感性，已屆六十年。如今可從全國各地募集約一百四十萬件作品，極為感謝。JA共濟是一種組合，其目的為同心於作農與互助，將安心與希望傳給次世代。今後將努力使小孩能有豐收的喜悅，建立安全又安心的地域社會而努力向前」。

其畫面是陽光照射著飽滿的稻穗，令人有豐收感而滿心愉悅。要能有這種結果除有天時地利外，尚需人和。

其二：有家日本廠家刊登了廣告，這家旭化成公司在廣告上提出了「問題」。並題解為「水與光」。內文大意是：「旭化成開發了深紫外線LED來以光線殺菌。這可取代往昔的水銀燈。解決沒有淨水場、沒有下水道的生活環境人之處境」。

其紫黑的畫面上有小女孩一個人在汲水，頭頂上有字寫道：「人若沒水則無法活。但是世界上，因飲水問題而去世的，一年有五十萬人」。

何等幸運吾等日常生活上有乾淨無菌的自來水可使用。旭化成的努力使人感佩，望其能繼續兼持其企業理念：「創造迄止昨日在世界上所無者」。祝超越前進！

目標是超越過去的自己！

其三：有家耕耘機廠家久保田公司秉持其企業理念：「為地球、為生活」，刊登了廣告。其廣告標題云：「對手是爺爺所開的老式久保田」。在藍天黑土對照下的畫面上，右邊有較小的耕耘機，而左邊則有較大者，一比就知右舊左新有別。較小、較舊者是爺爺的，而較大較新者就是孫子的。廣告就由此展開，滿幽默的，夠心動的。

廣告內文大意如下：「農業人口持續減少，但人口增加，糧食不足的現象該如何解？久保田正在面對這道高牆挑戰著。以高效率性、優秀耐久性、良質投資性等來解決。」

這種超世代的成果獲得讚詞，云「久保田的對手是老舊的久保田。湄公三角洲連綿不斷的水田，是世界糧食的供應地，久保田持續不斷支持著，一步一步產生著成果。不管家族幾代都不會中斷」。

廣告展現了久保田耕耘機之品質耐久性，品名踏實性。真是令人祖孫三代可久久保護水田。向下一代前進，讓下一代耕深米食，前進，再前進。

寶島社期許維社會安寧、祥和

其四：「忘記是罪惡」是寶島社的廣告。世人皆知以武力解決糾紛是兩敗俱傷的。尤其是戰爭更不可取。然不幸的是很多人不會忘記此慘不忍睹的舊事。是以互相殘殺持續不斷。

這使愛好和平的人由此記取教訓，牢記不可再蹈覆轍。要日日記取教訓以避免戰爭，是以「忘記不得，不得再犯」。

一九四一年日本侵襲美國珍珠港，美國則在一九四五年以原子彈反擊日本廣島，各犧牲了數以萬計的非戰鬥人員。

該廣告內文，簡單扼要云：「人類會犯過錯，也會學習。世界和平是人類的宿命課題」。超越殘殺才是人類而非獸類。人心慈悲方是超越。

寶島社在最近又刊登了報紙廣告，其標題是：「造假是敵人」。而其內文則是：「各色各樣的人在造各色各樣的假。從小就受教『不可作假』，卻仍時常作假。陰謀、粉飾、改帳。各是作假。世界上有何時代曾造假滿天蔓延的情況？人生已中年卻造假乃向大眾謝罪而獲赦，難道不感羞恥嗎？這種負面情形定會形成連鎖而不知會如何延長於何方。別習慣於造假，要來打擊造假」。

是以當今社會有人在作假，放假訊息，連國家也造假以影響他國選舉，使世界充塞假象。人人應來檢舉謊言，以維社會安寧、祥和。

要阻止或打擊造假非一個人之力可達成，需眾人的力量。正如五十鈴汽車公司在其八十週年慶時所刊登的廣告。其標題云：「一個人無法走遠路」。而內文則說：「日日在思考。吾等五十鈴汽車能做什麼？為一輛車、為一個司機？為安全、環境、能源、工作方法？社會的變化就是課題的變化。為造車所需之技術、品質？為售後服務？為八十年來持續追求的變化與傳統！是使命，是志氣。今後，五十鈴汽車依舊支持『運送』」。

鈴木汽車公司的企業理念是「與工作的人走遍世界」。由此觀之，八十歲的鈴木汽車公司定會持續前進並超越時代的變化，真樂觀其成。世界上工作的人不只一個，定會有眾多工作人會響應其廣告。

總之，從以上例子可知，企業以廣告表明其志，是可貴的。從廣告知彼等之志氣在求前進。保持現狀是落伍的，因為競爭在求變化，就會打擊現狀的自我維持。

前進！超越自己！超越眾人！前進再前進！

原載於《動腦》No五二〇，二〇一九年八月

廣告裡有安和家庭

品牌廣告如何以「家」為創意核心，透過動人文案，贏得大眾青睞？

人有求安全的需要以保全身心，是以欲求家屋心切，期望能使本身及家人處於安全、安心狀態，進而入境安和。

是以，有一則大和房產工業公司的廣告，標題說，「想要保護你！這種想法——讓房屋直接可以感受到」。該建築在房屋上裝設了保全設備。

僅有的幸福場所「家」

另一則積水房產公司的廣告：「回歸原始之日」，而內文寫著：

地球繞一周，回來時已是一年的開始
回來時會發現小孩們、都住在這個家裡
回家來時帶著很多消息，那是最好的伴手禮
回家來又帶新生家族成員，讓未來有望
這種場所在世界上是絕無的，這樣不可思議的幸福場所是僅有的

是以要回家就回去積水房產公司所蓋的房屋。它會使人感受家庭的溫馨、家族的融合、家人的未來、家人的安和。不由得讓人哼起「我的家庭真可愛」。

家人在家屋裡要感安全與安心，則家屋建造要耐震堅強。三井房產公司刊登有一則廣告訴說該公司所建造的房屋「可耐震七度六十次」。以使人心生安全感。

而積水房產公司也有一則耐震廣告，云：「不僅難以倒塌；萬一有事發

生，事後亦可勉強居住生活。這是積水房產公司所思考的強於地震的家屋」。廣告如是說會令人安心買來居住。

東急房產公司則刊登廣告，云：

住屋的顏色要更自由

外觀、內裝以您喜愛的顏色來創造

這一廣告訴求是該公司二十五週年的獻禮。

外需堅固耐震 內要寬廣舒適

有了房子後，屋主一定會開始思考屋內的配置。有寢、食、居等的功能正等著屋主去與裝潢專家去構思。所幸有家市占強大的家具公司刊登一則廣告，告訴家具流行是「有形圓、色柔的型態。有寬寬的設計，可放輕鬆」。這一廣告，解決了日本人屋裡狹窄的空間問題。而可以圓圓、寬寬創出空間。

可見日本人對住屋是講究堅固耐震、內則要寬廣舒適。從廣告可料出其需要，而家屋的堅固耐震就是要來保護家族。正如一家耐震福強工程公司的廣告說：「重要的家屋要一直保護你的家人」。以讓家族能從年始至年終住在裡面歡樂溫馨。

夏天，思念重要的人

玩具大廠LEGO的廣告標題：「夏天會思念重要的人」，而其內文則有祖孫之對話，表露著其三代之間的情牽思連。值得吾人深思。

廣告文有三段，首段是祖母的話意，「你插話進來問，『阿嬤你膝蓋的痛好了沒有』？」是在婆媳通電話中。我等兩地相隔甚遠，但阿嬤高興從你聲音中知道你心懷親切且有禮溫柔。

次段內容則為：婆婆說你每次來都送我兩老你自己手創的作品，或繪畫、或摺紙。你的作品會讓阿公露出喜悅而說「很像我」，且一直瞪眼看它們。

第三段之內容也是阿嬤的話意：中元普渡將到，為你準備了一項禮物，想讓你發揮手藝工夫。阿公與阿嬤期待著。該對祖孫雖不同居於一家屋，但其親情不弱於早晚相處於一屋裡的家族。

家屋會生情，尤其是讓背井離鄉的兒女。有家三井房產公司在售屋廣告上說：「直至夕陽將下山還在玩耍的庭院。如今也不變，正如幼小時候。」

內文有云：「與雙親生活過去的重要場所。在那裡發育、在那裡遊玩、在那裡長大。」家屋會使人思親、使人尋己。所以，家屋要能傳下，家和要能上承。難怪會有「我的家庭真可愛」之名曲。

如依古人之言，「家和萬事興」，則今人可照表行事，不必強行。然家若有特色則家和定會強化：那就是「母親的味道」。

充滿醬油味的念想

日本有家著名的食品公司名為龜甲萬，以生產醬油聞名於世。該公司有廣告如下：其廣告標題為「回去有醬油的我家」。

其內文為：「回家的路會覺得遠，是為什麼？去的路與回的路應是相同的呀。不知誰家飄出來香氣撲鼻的醬油味，不覺吸進，肚子就嚕嚕作響。與電柱的長影做比賽，奔著回到家。打開家門，就傳來得得的菜刀聲音。騰、騰、騰的煮菜聲音。『媽媽，我回來了』，喊聲在口內。飯吃一碗又再吃。『好像孩子多了一個』，妻子笑出聲來，兒女們也隨著笑出來。回家的路，就是肚餓那天的路。有和食的餐桌，定有懷念的記憶、健康的未來。百年之戀情，含有醬油味。」

往、回的路長度雖然相同，但感覺往短回長，是醬油香味作弄的！是同餐家族和樂促成的。

總之，人住在家內，會求家族和樂，會要家具舒適，會想家屋安全。正如一則廣告所說：「家是旅遊於時間裡的一艘船，帶著家人描繪著過去的回憶，謀畫著以綠環境、零空汙行未來的旅遊。家，邁向著未來。」美景，讓吾等來追求安全祥和的家庭吧！

原載於《動腦》No五二二，二〇一九年十月

廣告裡有善行轉捐

善良的募者之心

吾人做人做事常有求人協助以竟其功之時，何況日本的二〇二〇年奧運這等大事。奧運雖說在東京舉辦，但，這是日本舉國大事。

何以言之？奧運有數項競賽將分散在日本各地舉行，且奧運火炬將遶境於全國四十七都道府縣，路線經過會與地方民眾共享此世界性大活動。

是以，協助聖火火炬接力傳遞活動的豐田汽車公司刊登了全頁廣告，募求聖火火炬接力人員。廣告強調「啟動未來，其首步起於在地」及「開始你的不可能」，並醒目地訴求：「為在地挑戰，募集東京二〇二〇奧運聖火傳遞員」、「吾等也協助聖火接力傳遞」。看來分擔奧運籌辦活動的豐田汽車，義不容辭地展開任務，請求各地好手參加聖火火炬之傳遞，盡力執行其企業的社會責任，值得效法。

奧運獎牌有金、銀、銅三種金屬牌，是運動員極力競賽努力爭取得來。然有新聞報導，製造獎牌的三種金屬材料尚缺，正努力尋求補足。於是有民間社團登高一呼，募求人人捐出廢棄小家電，如收音機、電視機、電腦、手機……等，因為可從這些「都市礦產」取得金、銀、銅來製造奧運三項獎牌。一人倡議，則有眾人和之，人求人，則來助人。

競賽獎牌，皆為參與者努力所得，將成為得勝者永久紀念，是其資產也會是遺產。

二〇二〇年東京奧運正緊鑼密鼓籌辦中，建設中的競賽場、選手村……等硬體工程，定令留存下來而在往後移作他用，因此可稱為延續價值予後代子孫的「奧運遺產」了。東京有福，承辦奧運，承繼遺產。

其實奧運遺產不只是硬體的競賽場，前述的「金屬回收，金、銀、銅獎牌之舊物再生」，將成人人習慣的「三R留存示範」，無形中養成「丟棄前再思其價值」的習慣，將增進資源的循環利用。

依此「三R留存示範」，創造出以下創新的「再利用思維」：廢棄塑膠物品回收再造頒獎臺、選手村建材則使用地方縣市提供之木材，並在使用後發還原提供者再利用於公共施設。再如，火炬把手使用「避難住宅」廢棄鋁門窗材料，傳送火炬跑手衣服，則來自廢棄寶特瓶做成衣料纖維，以上都是帶給世人示範，成就了無形而珍貴的遺產。

但願二〇二〇年東京的三R執行（再生，再用，減量），能因東京奧運之實際應用而擴展至全世界，持續發揮影響於全球。

如此，奧運的良好施策將會嘉惠國家之品牌印象、地方之建設擴興、國民之智慧增進，應可均獲利益。運動活動有如此優質的帶動效果，建議施政者能重視運動活動。

這種社團出面募集活動，並將募得物品捐獻給需要者尚有多舉。日本時尚界正在興起捐獻潮流。其一為「時尚通信銷售公司華信」。該公司募求舊品牌物，經過檢查後才銷售，而將得款悉數捐給六家公益團體。

又有家時尚雜誌社從六十位模特兒獲捐舊衣，在網上出售，得款之八成捐給支援婦女或兒童的社團。而該雜誌則將金錢往來資訊發表於網路。

又有家公司名「佳明」，由兩名退休男人經營，主要項目為設計T恤。特別的是，他們賣一件T恤一千日圓（約新臺幣兩百八十元），而將其中七百日圓（約新臺幣兩百元）捐出以支援單親家庭之社團。

風起，會雲湧。又有一家公司也刊登廣告，徵求不再使用之舊古鋼琴，廣告標題云：「不再彈的鋼琴，請讓人再使用」。該企業在廣告上表示會將部分的銷售金額，以災害義援金捐給日本紅十字會等公益團體。

這四家企業真令人佩服其義舉，既募又捐。

至於將募（求）得的物品分享給需要者或第三者亦有之。如有一則廣告在募求中古棒球手套，由世界著名棒球球員松井秀喜出現在廣告上說：「世界上有眾多需要棒球手套卻買不起的人。大家家裡若有不再使用的棒球手套，請提供出來」。顯然地，松井選手做為具召集力的代言人，募求中古棒球手套以轉贈開發中國家的愛好棒球之青少年。據說這是「世界性棒球支援活動專案」。不知臺灣的棒球界是否有伸出援手？

有一則廣告刊登主是日本知名醬油公司，主要募求文章，題目是：「好吃的記憶，成為明日的光輝」，以徵求顧客食用感想。以企業行銷帶動能見度。

另有一件募求感想文之廣告，刊登主是讀賣新聞廣告局。廣告標題是：「感謝，請把感謝之心傳給未來」。徵稿對象是小學生，請小朋友來加油應援在工作的人，工作人員可能是警察、老師、護士、運動選手、司機……等。報社能設獎來鼓勵小學生作文以鼓舞各行業的工作人員，令人感受社會領導者的作風，有風和日麗之感。

上述二件募求文章應有其公益性，前者在企業管理上，後者在社會教育上。寫到這兩件徵文活動，就想到臺中市五美文教基金會在這十幾年來也連續舉辦徵文活動，並有得獎文章印成小冊分發大眾。募者之心令人感讚。

總之，有人募物或募款給弱勢需要者，令人起敬。募者之心是善良的，值得學習效法。

原載於《講義》二〇一九年十一月號「溪邊小草」

廣告裡有企業百年

共生，共創，共存的百年感情

一九六〇年代，日本有位記者分析多年的股票市場資料，發現一個有趣巧合：在股票上市欄的企業名稱，通常僅會連續出現三十多年，因此論出「企業壽命三十年」之說。

論歸論，國內外仍常見百年企業在說過去經過，在談將來願景。茲將蒐集到的百年企業廣告分別報告如下。廣告多為慶典活動之一。

一為朝日人壽公司。該公司廣告之標題云：「一百三十年，是新未來的開始。過去的真心，今後會一路不變」，朝日人壽謙虛認為，幸運走過創業一百三十年。試譯內文大意為：「曾有過數不清的，無法取代的遭遇，由衷生出對每位顧客說不盡之感謝。一個加一個，重疊起來就成一百三十年，所以今日可為新未來之起始日。今後，會送往更多的安心，懷抱著不變的真心，不管任何一天，都會與大家步步齊步走。」感受百年企業的活動不息，其真心與客同步前進，真是難得，但願該人壽公司過去真心走過一百年，今後也持續前進活動。

日本有家經營往來橫濱與東京的鐵路公司，在慶百年時刊登一則廣告，云：「連結自然美景與古味街景一百年。這是與橫濱歷史同步的一百年。願此條鐵路沿線更便利，更豐裕。願以過去的百年，來創今後的一百年。」真是有反省力，有衝勁力，又有銜接力。

說了鐵路，換談汽車。日本有家貿易商將自己定位得非常清楚。該公司的市場定位或經營理念為「不製造汽車。只營造有汽車的人生」。YANASE公司在創立百週年時刊登了廣告，標題云：「YANASE的今日，在一百年前開始」。

內文大意為：「一九一五年，道路鋪裝水泥的狀況難得一見，而人力車與馬車是當然的日本現象，卻在這時出現了汽車公司。東京的一角落，YANASE的前身梁瀨商會創立，設汽車修理廠。活動加身。值得紀念的進口車是美國的高級車——別克（Buick）及凱迪拉克（Cadillac）。從此本公司就把世界的高級車引進日本，讓大家有乘坐高級車的愉悅活動。推銷汽車就要備有修理工廠，梁瀨公司以芝浦的本社為中心，修理網遍布全國。今日，『YANASE迎接百年』。」

可以想見，走過的百年路，崎嶇不平，而今走過一百年，真是令人感動。今日是一百週年，而一百週年的今日是起始於一百年前的當天。真令人想像不出。

企業百年，令人起敬。雖非百年，卻明確表達將經營百年的一出版社，名為「每日新聞出版株式會社」，於二〇一五年四月以全版廣告刊登在《讀賣新聞》上，告訴其百壽經營方法。有業務活動之預告。

其標題是一百年，而在其字底下則有兩個概念，一為「一百年將製作讓人幸福生活的出版物」，另一則為「一百年將成為令人來年快樂的出版社」。幸福，快樂，為兩大主軸。

而其內文大意為：「住在世界第一長壽國的我等，應會有更多幸福。從這個觀點，追求百年幸福為目標，我等要出發了。我等將以純淨之心態，終生真純之友誼，出版刊物。是從新聞社出生的出版社。敬請鞭撻。」廣告畫面，有當時著名於世的學者、作家等十六名，以微笑與祝文賀其出航。

此每日新聞出版社雖是獨立的個體，應自立自強，然從社名來看似屬每日新聞社之子公司。如能母子相依相賴，則活到企業百壽將會給專家有求之不得之心喜。在此祝福，此出版社出發為人民之喉舌。

齊心為日本人民的今後百年幸福快樂而努力，實該給予掌聲。在日本有家具權威的野村證券公司，刊登廣告自慶百歲生日。

廣告標題為「共度百年慶」。內文有云：「人不管在幾歲都有學習的可能，人不管在幾歲都有學以致用的可能，人不管在幾歲都有向前邁進的可能。人生一百年，為讓你的時間更充實豐富，做為伴友的我，能做些什麼呢？我要更認知你，與你共創未來，與你共生，如此為你的野村證券，才存在著。」

廣告由演員玉木宏代言，內容先讓人思索，後使人頓首。廣告以玉木宏的零歲及一百歲，代表成長中的客人，二者後方有一人，則表示該證券公司的依靠，彼此有共生，共創，共存的感情。這應是服務客戶的活動真諦。

總之，企業若百年，或超越百歲，客人也會獲益，會安心，會安全。經過無數風吹日照，百年是標竿，是立志反省之年。

原載於《講義》二〇一九年十二月號「溪邊小草」

廣告裡人生要有變化

生活中的各種事物，食、衣、住、行、育樂隨時都有創新變化，品牌要變，且要變得有價值，方能引領潮流。

社會潮流時常在變，人生也無常。商品研發、設計、生產要能應對此潮流，方能時時暢銷於世，如此可促使企業永續經營，也就是推陳出新。

生活中的食、衣、住、行、育樂都有潮流的，商品須隨潮流演變以抓緊人心。「變通」是市場行銷上很重要的通則。

讓美麗得以代代相傳

世界著名相機大廠CANON刊登廣告，告訴喜歡拍照的消費者，CANON已在市場上推出具有約五千零六十萬畫素的新機種，可以將世界上的所有美麗盡收納，而將美麗由當今傳給下代。

CANON的公司理念是：「將它變可能」。CANON一定是對新產品非常有信心，所以用廣告上難見的報紙跨頁版面，介紹其五千零六十萬畫素的新相機。相機變新的，就能傳承更美的世界給下一代。

日本有個十分有名的舞臺劇團體，名為「四季戲團」，經常巡迴全日本以娛樂眾人，尤其是兒童。該「四季」刊登廣告，畫面充滿著觀眾於室內，尤其兒童、少年充滿歡樂於一堂。

廣告標題云：「願讓兒童歡樂充氣」。副題則云：「二〇一六年度在全國一百七十七都市四百八十場公演，招待了五十六萬兒童來觀看的『心之劇場』。」大大廣告內容，秀出劇團演出情境，也感謝贊助者。「四季劇團」由助人為樂的演出者，搖身一變為幸獲支助的受惠者。

小型車輛也少不了大大安全

世界著名的豐田汽車公司，為品牌VITZ刊登廣告，其標題云：「車型小，安全最新」，是推陳出新的一種市場策略。其文案有言：「小型車輛需要大大安全。本車型裝備了『TOYOTA安全感觸C』。獻給所有喜愛小型汽車的全國人士」，豐田汽車公司對自己產品VITZ有信心，才敢使用大版廣告面積來推銷自己的推陳出新，真令人喜愛。

豐田VITZ廣告強調其型小而安心。幾十年生產小型汽車而聲譽遠播的SUBARU則刊登廣告說：「開始了！SUBARU。由富士重工業公司變成SUBARA公司。由生產物品公司變成產生笑臉公司」。

其內文則說：「笑臉當中有SUBARU。吾家公司所面對的是僅一次的人生。在換不回的時間裡，有人要比別人快樂。有人心中充滿好奇心與冒險心。有人從心底要愛護重要的人。所以為要守護『僅有的一個』，才會『只有一次』，本公司深思熟慮甚久以達理通。……本公司的出發點是『飛機研究所』，迄今百年。所以要從富士重工業公司改名為SUBARU公司。從物品成為價值而能深入人心。SUBARU在人心中燦爛發光時，願存在滿堂洋溢的笑臉。是故，從汽車名為SUBARU，由飛機改成SUBARU。」

是社名更新的宣示，是理念變新的公開。

由廣告可知其公司，其汽車的內含改變而具嶄新。是變新了，令人期待！

新節目新氣象

日本的富士電視臺有一則廣告。其標題云：「新節目上榜」。畫面一片喜色、活躍，內文則說：「春天到了。新的場所，新的生活，新的相逢。期待的人情滿懷。然說是新，心中也有少許不安。這時，若我家節目能引起您的心花怒放，則會高興無以復加。請將您的心眼轉向將播新風的富士電視臺。敬請拜託。」

富士電視臺面臨激烈的電視競爭，有必要變動其節目，因此汰舊換新。並將其改革後的新局面公告周知。目的在使收視者增加收視，以期能有更多娛樂享受。

節慶後總有人因不慎飲食過多而不幸看醫就診，或吃藥度日。日本就有製藥廠中外製藥公司，刊登廣告。其標題云：「新藥會產生。世界會變動」，而其內文則云：「帶來驚人與喜悅的新價值，發現於超出想像的所在。不受常識拘束的創意與方法會改變世界。」

中外製藥以世界頂級的研究開發與創造力，在尚未有有效治療法的領域上產生新藥，以符世間眾人之望。該公司的企業理念是創造超出想像。可見其是實踐者、改變者。真是超越自己、貢獻世界。

不只為美麗製造，更為生命製造

上述的中外製藥公司是生產醫療相關藥品，但醫療還需要有器材，接下來要介紹的這家醫療器材公司，卻是以相機著名於世。

就是CANON。該公司有一則廣告，其畫面全是醫療器材，而背景是滿天曙光。其標題寫著：「CANON走向健康醫療公司」，這一句話一定會使有些人一時摸不著頭緒。

其內文有交代，大意如是說：「因第一代社長御手洗毅是醫師，所以創業未久，一九四〇年就從事於醫療事業。而在二〇一六年迎接東芝集團的到來，以走向第二步的舞臺。為著病人，為著您，為著眾人。在『為生命而製造』的理念下，我們正在擴大健康醫療事業。CANON是支援從診斷到治療的世界性企業，為著與世界人類『共生』，且實現之，並貢獻於醫療的發展。」

為「生命」而製造商品的CANON，真的讓人肅然起敬。CANON已有「為美麗而製造」的產品美譽，如今又增加了「為生命而製造」的商品名聲。此應是公司品牌的擴大加值。願祝福之，應是人之常情。

總之，要變，且要變得有價值，方是正道。

原載於《動腦》No五二五，二〇二〇年一月

人生華衣裡有創意

消產雙方，各有其利，互得其益

有詩云：「雲想衣裳花想容」，多浪漫又充滿想像的詩句啊。人會幻想雲如衣，也會在穿上新衣時自愛地照鏡觀看，以幻想自己的衣裝之美是否適己或超己。

日本有支廣告影片，以照相館日常為取材。內容如下：有位其貌不揚、體如桶的小姐上相館洗照片，並要求店員將照片洗漂亮點。相館店員回答：「漂亮小姐的相片，自然能洗得漂亮，但不漂亮的小姐也就依其原樣洗出。」一聽如此，該小姐便憤憤然地掉頭離開了。

影片內容帶有幽默、博君一笑的味道，但也令人心酸感痛，抱取同情。相館店員不懂顧客心理，刺傷了來客的美好幻想。

然而，有家製衣廠則以廣告來博人心。廣告上說：「顏色×刺繡，自由選。可做，自我設定的『客製衣服』」。該休閒服品牌向客人推銷服飾後，便奉上各式刺繡小圖給客人參考，刺繡可縫在胸前、袖口等處，共二十款圖案可供挑選。顧客如將刺繡小圖縫於衣上，則休閒衣成為唯一，專屬於顧客。這能滿足顧客專一獨有的心理。

LANDS' END休閒衣注重製作品質，服飾的款式與色彩也獲大眾喜愛，如結合顧客挑選圖示、親自將圖縫上衣服，即成世上獨一無二的顧客自我休閒衣。品牌的獨有創意，加上顧客的自選手工，變成獨特的個人用品。偉哉，人力變天，讓加工產生價值，使大量同款產品化身為個人私有用品，產生獨創性。

求方便是人心嚮往，「摸蛤仔兼洗褲」也是人人常說的。有一大衣廣告，標題云：「工作時，休假時。可輪番自在穿著的大衣」。內文云：「高品質材料，衣扣不露顯，具防水效果」。方便的一物二用，一衣二穿，不僅增加實用性，也減少了使用人的購買金額、件數，亦減輕攜帶多件大衣的勞心勞力。

即使衣服材質再高級，做工也須精細，方不會蹧蹋高級衣料的存在。有一則銷售襯衫的廣告，標題有云：「為何休閒服要用套裝服飾的技法來縫製？」

內文則說：「休閒服貼身，觸感良好，洗了也不會變形，保持定形，這是製衣匠的用心技法。」內文直接回答了標題的提問，以套裝服飾不易變形的技法來製作衣服，讓穿著舒服的休閒服，也不怕洗衣機洗到變形。真是匠心別具，製衣站在消費者立場，關懷消費者的擔憂，才能想出如此兩全做法，消費者也由此可放心使用。

產消雙心交集一點，構成安心的社會、市場。

廣告的目的在宣揚商品之品質。如一則廣告云：「輕如空氣，暖防北風」，內文則說：「今秋購買可用至來春」。廣告以帶笑的美女正面向你推銷，讀者的你可能會回以微笑。於是信賴關係成立，廣告目的達成。

又有一則大衣廣告云：「寒冷季節的暖和戰友，材質喊話的上層大衣」。

此大衣商品定是冬天裡的隨身防凍輕便寶物。

廣告不應說偽、吹噓，應有所本以實證化。有則廣告說，「此件漂亮的褲子有內幕」。這句話引起讀者的好奇、懷疑。但，馬上在內文揭疑，表示該褲子有使人感熱的發熱內裡，漂亮裡藏有發熱內裡，如此解開了內幕真相。由引人驚奇而馬上提供解謎，實是廣告技術之高超。

上述美麗的女性長褲藏有內幕（其實是內裡）引起讀者好奇，茲舉男性上衣廣告來了解溫暖密碼存於何處？該廣告說：「表裡產生柔暖兩倍」，這表明了裡襯有發熱作用。

這個男性上衣品牌，不僅有暖和功能，尚有自貼標誌之附加功能，以與他人身上衣區別，充分顯現自我滿足功能。

日本有家製售衣服的國際品牌廠家UNIQLO，刊登了廣告，令人瞭然知曉其用意。

畫面是一家之起居室，四個人都穿休閒服，人人有悠閒悠閒之表情，尤其是父與母之笑臉令人感親和，全家溫馨感。文案是，「在家族時間裡，全家穿著柔質休閒裝。既柔，且輕，又暖，可自由享受色彩、花樣，是冬天的休閒裝。」廣告明顯點出了商品材質、功能，達到廣告目的。

總之，上述廣告在訴求品牌，說明商品內容，刺激顧客購買幻想。是在助人解決其浪漫，廠家也來銷售自己的產品。消產雙方，各有其利，互得其益。

原載於《講義》二〇二〇年一月號「溪邊小草」

廣告裡有人生養性

人一生不僅需要食衣住行，也要有育樂教養。廣告裡均有之，會助您成全修身養性。

人總不能在緊張裡過日，在有限的時間裡也要輕鬆心情，來獲取心身健康，尤其是教養。

修身養性之道廣傳人心

日本公共電臺（廣播、電視）有出版該類談話集，並刊登廣告。廣告內容，以全版面積出現。

其標題云：「過生活的善策，是日日抱持小確幸」，以日本醫師界超百齡現役醫生日野原重明，率領十二人出現於廣告上，告訴大眾心靈與身體健康、充滿元氣的方法。

其十二位（含自己）先進有鎌田實醫師、齊藤茂太醫師、渡邊和子理事長、石垣靖子教授、早川一光醫師、細谷亮太醫院顧問、柳澤桂子學者、養老孟司教授等，現役著名佼佼醫界人士。

錄音帶十二卷為一套，其內容含有身心健康方法外，有與老人相處良方、面對病的處方、與人相處平順的方法等；有甚多人生指南。會將人人在日日所抱之不安，以養性緩和。

內容中有「善活、善病、善老」，「從腦看老與健康」、「生與死的幽默」、「保護小小的生命」、「就俱實話」、「生命的光輝」等。

以繪畫喚起記憶的甦醒

可知人生有希望，如看繪畫。有一則向井潤吉的畫集廣告。其廣告標題云：「愈看愈懷念，心動情極致流淚。我獲得了生存的勇氣。這是我重要的寶貴物品。」

該廣告刊登在《讀賣新聞》報上，而該報又在該廣告裡刊登廣告。如是說：「過去曾有過如此令人懷念、富有鄉愁的畫集？放學後就與鄰近的學人玩躲避球、捉迷藏。吾等所出生，成長的故鄉，看來更具異於今日的風貌。每翻一頁，你的重要回憶就會甦生。」該畫集定會使你舒一口氣，而感人生變化。

如聽錄音帶。為滿足人們這種需要，有家廠商「映像與聲音出版社」出版了商品並刊登廣告。廣告中有二十二種碟片。

廣告標題云：「起居間的演奏會，送去讓你胸腔熱熱，回憶美美的名曲歌聲」，廣告內有碟片列舉，仔細一看，歌曲有名，歌手上乘者，如有石原裕次郎、三橋美智也、木村好夫、倍賞千惠子、鄧麗君等。

推廣碟片有賴歌曲、歌手、歌名，實是眾星拱月，以滿足紓壓。

如去音樂會。以愛在餐桌上做訴求的ＱＰ公司，刊登了一則廣告，訴求將舉行「全日本母親合唱大會」，該廣告的標題云：「歌曲大方地擁抱我」。是要我脫離壓力走向心身紓解。這是廠家高明的公關方法、促銷手段。

使生活更好的車！

如買車輛。汽車廠家SUBARU刊登了一則廣告。其標題云：「相信」。「要顧客相信，一定會有車輛能使人的生活更良好」。

文中有言：

SUBARU有信念。
人是第一選項
不被潮流淘汰，要追求本質
與自然與大地共生
來創造沒有車禍的社會
比什麼都重要的就是最最重視每一個人的笑臉。

不管任何時代來臨

技術如何進步，面對著人、追求豐裕本質的信念絕不會改變

這種信念定能與世界上的人心相聯繫

信念就是願望人生更美滿良好。

該SUBARU公司以跨頁廣告訴求與人共生，相信會引讀者感共鳴。而產安心與愉快。讀後心中定會釋然且相信它。

令人安心、感到安慰的廣告

如話家常：日本共濟會刊登了一則廣告，畫面溫馨而文案結實；鄰居手捧茶杯向著抱在手上的幼兒微笑，姿勢那麼自然，笑容那麼甜蜜，而文句則是「來創造會持續久久的羈絆」。

副標則是：「謝謝，有你在。沒事，有我在。」

而文句內又說：

高興時，一起笑。有事時，大家伸手援助

這種結伴相助的日子，望能持續長久

家族・伙伴

鄰居

超越世代的更多更多眾人

能在今日互助合作，來結成農業的「協同組合」

日本共濟會在今日之後，定與地方生活同在一起，同步前進。

多令人安心的廣告，多關心他人的廣告。

如看廣告：媒體上有很多影響人一日或一生的廣告，不管商品廣告或服務廣告多有云。

總之：人一生不僅需要食衣住行，也要有育樂教養。廣告裡均有之，會助您成全修身養性。

原載於《動腦》No五二六，二〇二〇年二月

廣告會使魅力變引力

廣告的正面力量

吾等人類生存，生活在地球上，未曾愛惜卻將它踐踏。正如弄髒損壞所住美屋，令人令己歎息不止。

所幸人類有頓悟感，有一天發現，地球若不存在則吾等將生活起居於何處？所幸心地善良的人提出警告，以刊登廣告方式實行之。日本通訊集團（NTT）以世界著名棒球選手鈴木一朗為代言人，刊登了報紙廣告。

其標題云，「與其弄皺地球，不如幸福地球」。代言人則在內文說：「二十世紀前，吾等人類給地球皺紋，二十一世紀應給地球幸福。在推廣此行動時發現了許多環境保護的概念。自從我加入此環保行動後，就執著於『連結成絆，那是環境保護』，例如對外可參加視訊會議，在家則能網購東西，以減少移動時產生的二氧化碳……減少動作就感心情輕快，也對地球良好。請各位試試看，自己會感受到給了地球幸福。今天，也來個『連結成絆，那是環境保護』運動，會大大貢獻地球。」

如此代言活動，定能影響世界。NTT的關懷環保，鈴木一朗的溫馨話語，相信會引起讀者或顧客感動而採取行動的。不再弄皺地球，而是幸福地球。

人不僅要幸福唯一的地球，也會聯想到幸福吾等地球上居民的家庭主婦。彼等的辛苦人所周知，有識者認為整日辛苦也該有一刻幸福，於是家庭料理食品廠家的QP就刊登廣告，告知母親合唱團的活動日期，以使日本母親抒壓。

QP提倡「愛在食桌上」，而與「全日本合唱聯盟」、朝日新聞社合辦，合唱會於全日本二十二個都市舉辦，是春、夏二季的大活動。人的關懷與溫馨，飄揚於日本列島上，而與日本人共度美好時節。

此活動不僅使日本母親心獲關懷與溫馨，也使全體日本人付關懷與享溫馨。另有一活動，亦使人感心而行動。那是「東日本旅客鐵道公司」所推動的禮貌活動，該廣告標題云：「先問一聲。一聲使人一安」。

內容如下：

對盲友說一聲「需要幫助嗎？」因問一聲就是幫助。

看見帶著導盲犬的人，如遇危險，就要勸止。

對坐輪椅的人，付出有安心的支助。

對提重物的人，問一聲「需要幫忙否？」

對有需要坐優先席的人，一聲「請你坐」。

對困惑的外國人，說一句「我可幫忙嗎？」

在廣告內文中，有信息告知「問一聲幫助人」活動正擴大中。吾等臺灣的臺鐵、捷運等公司也曾有幫助人、讓座給人的活動陸續推動著，但願此美言好行能持續推動。因為行動不方便的人不少，他人的一句話、一舉動都能帶來協助。

地球生存著許許多多動物、植物。有些地方在某個時段正發生瘟疫，令人難受。受害者會想盡對策去撲滅它，而未受害者則會擔憂受苦。

日本宮崎縣曾於二〇一〇年發生嚴重口蹄疫疫情，經過受害地區的農民、居民全力營救，終而將其撲滅，乃於當年八月刊登廣告，向全國表示致歉與致謝。致歉的是無端增加全體國民的憂心，而致謝的是不斷湧入的全國國民的關心。

廣告標題就是異常斗大的「感謝」二字，醒人眼目。宮崎縣民以廣告感謝日本全體國民的關心、愛心，真令人心感溫馨。

上述口蹄疫的發生與撲滅在在影響了個人、國家之財務運轉。這是因為買賣減少令造成市場蕭條，不利人人或政府的建設性支出。

買賣產品會增加景氣活絡。日本一如其他已開發國家在日常交易上會使用信用卡或簽帳卡。有家信用卡公司名為ＪＣＢ，為促進市場買賣活絡乃刊登廣告，促人人多多使用ＪＣＢ信用卡。該廣告標題云：「購物救世界」，內文提到，知名財務大臣高橋是清在一九二九年十一月曾說：「茲舉一例，一年有能力使用五萬日圓生活的人，因儉約而以三萬日圓來過活，剩下兩萬日圓則拿來儲蓄。則其個人經濟每年因如此蓄財而增加，誠屬好事。但從國家角度來看，因其儉約兩萬日圓，就會減少物資之需求，國家生產力便會減少……」他在最後說：「從個人經濟而言，節約之事，對該個人而言是好事，若從國家而言，同一金額會產生二十倍或三十倍效用，是以寧可取後者為有望。」因此，多花錢會使國家獲救。財務大臣告訴國民，個人多花錢對國家有益應不會是虛言。在其發言時，日本與世界同步陷入世界恐慌期，民眾消費趨於保守，因此各界都在極盡所能促進國內消費。

日本JCB是發行信用卡的公司，關心世局，關心客戶，才有如此表態。而日本在財經界有JCB，在旅行業界則有JTB，各稱霸於不同業界。

日本觀光業在中國、韓國先後抵制下，近年來日漸蕭條。日本旅行社就在此時以「願傳給你旅遊之力量」為標題刊登了廣告。

廣告內文前段說：「當外國人訪日，總異口同聲說日本『Hospitality』或

『問路，則任何人都會指明』，這些事對我們來說是司空見慣的事，但對外國人而言，則是日本的魅力。」接著云：「ＪＴＢ今後會在世界各地宣揚日本魅力，同時擴大訪日旅客人數。旅遊有力量，有時還會改變人生的遭遇。ＪＴＢ將透過旅遊之力將日本之心傳播至全世界。來吧，將日本魅力傳至全世界，讓魅力變引力。」

ＪＴＢ關心訪日遊客減少，而心一轉要將「日本魅力」傳至全世界以引進旅客來日。ＪＴＢ的關心定使日本人及外國人心生同感，而被吸引。

臺灣人的人情味定不會輸給日本人的款待心，我們也該以此為傲，且發揚出去，讓各國旅客來訪。

總之，ＮＴＴ的要給地球幸福，ＱＰ的媽媽合唱大會，東日本鐵道的先問一聲活動，買物會救世界，宮崎縣的撲滅口蹄疫之感謝，ＪＴＢ的把日本魅力變引力……等，均是人對人、團體向團體的關心表示，這是人生溫馨關懷所致。

原載於《講義》二〇二〇年二月號「溪邊小草」

廣告裡有人行走動

食、衣、住、行、育、樂是大眾生活之所需，其中「行」的創意，各大品牌如何在廣告上有所詮釋？

「給要享樂人生的人」，這是一家徵求會員的休閒旅館廣告。在人生苦行外，也應有享樂的時刻。人生如旅行要有出發點，在出發前應先要準備，如身體健康。

維持健康，走盡人生長途

日本有家AFC公司刊登廣告云：「持續走步，能走是樂事。請來實際體驗！有三種功能！力氣百倍！給一步強力，給一步順溜，給一步健全。」

古人云：萬里之行始於一步。是的，人生如旅遊，起始於首步。不幸踏不出首步者在所多有，令人可惜！而著名酒廠三得利則刊出廣告給人希望，廣告云：「不管從幾歲，步行總會進步。是故，要補筋肉成份×軟骨成份。」要健步則從今天起始，一天也不要遲疑。

有一則DyDo公司的廣告，則云：「七十歲。去年還不會去散步。」表示吃了補藥後，今年七十歲年齡卻可去散步了。令人羨慕不止其健康保身之道。腳健則可遠行，可走盡人生長途旅程。

腳健行遠路，日本詩人芭蕉，寫下許多膾炙人口的俳句詩詞，流傳至今。他走遍半個日本本州島，留下了《奧之細道》一書，成為日本文學古典。俳句在描述沿途之風光、古蹟、民情、世俗等，令人景仰。

芭蕉走的路是細道；是小道，是狹道。所作俳句該會是小事一樁，但能成大著是因其有懷史前進之心念。

他的小道，應是充滿險象。不如當今之徵收民間工地以開闢大道。今人應是有福，能否有人走細道而創出歷史名句？期待！期待！將來會出現吧！有一則廣告云：「已經開始工事，以接連未來。」未來令人期待！不管是人行道、汽車路、火車道，路是人走出來的，或開出來的。

人走或人開的路總有路頭與路尾。日本的地方最近五年來，經過地方創生的施政，增加了許多汽車路道與汽車驛站。此舉將會促成地方振興以協助國家難題之早日解決。

東京地鐵肩負使命

有一則廣告顯示在中央環道，東關東車道、北關東車道、關越車道、東北車道等，不勝枚舉車道開拓下，陸續增加了人與車的往來，也增加了錢的往來，由此增進了地方創生或振興。不失施政之道。

且路之有驛站，讓他市人民知曉本地特色、農產的、水產業的、手工藝品、古蹟名勝等，增加了地方有特色之知名度、理解度、愛好度等，如此錢與名同時並進滋潤地方。路始與路終之驛站則成了地方之傳播站、金庫、匯流點。政府如知此道理，則有何不樂為之理由？

二〇二〇奧運將來日本，東京都Metro公司深知自己在屆時的重要性。刊登廣告云：「東京最耀眼的夏天，由吾等來接待。」

內文則說：「東京二〇二〇年奧運，吾等東京地鐵不僅是贊助者，也是當事者。從世界來東京的挑戰者、加油者將集合於此。屆時需讓所有人感受舒適的移動，以證明世界級水準的安全、安心的地鐵，成為向世人宣傳東京魅力的導覽者。這使命應由東京地鐵來肩負。將來的夏天，將會使世界驚訝於東京的安心、快樂、舒適。吾等東京地下鐵會帶領人人進入此佳境」。

東京地下鐵為實踐此諾言，員工穿著整齊個個排隊在廣告裡向讀者誓言；多莊嚴，令人敬佩！吾等可拭目以待其服務之道。

公營地下鐵公司有如此使命感、顧客觀，真該令臺灣一家交通公司學習。

鈴木汽車造車育人

有一則廣告，是日本鈴木汽車公司的。該鈴木汽車公司的廣告，標題訴求著：「與工作者跑遍全世界」。那表示其所出產的汽車應屬貨車類，且已行銷於世界各國。

鈴木汽車公司不僅銷且產，產地有設於日本國外各國。本廣告的產地是菲律賓。鈴木汽車公司在該國支援汽車裝備士養成學校，始於二〇〇八年。

參加畢業典禮的八期生有十四人，是從五百名志願者選拔出來的，在獎學制度下受教。彼等在兩年期間，不僅受教汽車裝備技術，而且學習日常規矩。因此，在世界各地工作的畢業生均獲有好評。

來參加畢業典禮的，有其親人家族，還有訓練師、前輩等，還有數不盡的工作器具、貨車等，均是畢業生們的育成之親人。受到眾多人祝福的畢業生，眼光亮亮、眼淚燦燦的畢業生們，就背向此地而胸向前方去發揮了。

廣告上的十四名畢業生，各個展示其畢業證書，像在誓言學以致用請人拭目以待！

鈴木汽車公司不僅在他國造車也育人。令人欽佩其經營之道。總之，路是人走出來的，或開發出來的，可用於各種不同用途；然要它成為正道，應是人人所要的。

原載於《動腦》No五二八，二〇二〇年四月

廣告裡的日常與哲理

廣告的弦外之音

二〇一八年應不是普通的年，天天該是非凡的日子。要改進自己應即時實現，要將其踏實腳步，留做為遺產傳給子孫。

「驛傳（Ekiden）」是日本學界的年度大事，用意在於培養體力強大的大學生，因為大隊接力的獨特精神，享有盛譽，是日本媒體每年必會現場轉播的盛事。

團結、延續的運動精神

大學生的個人體力、耐力，相互傳棒、交接，形成一條由東京車站到箱根車站的連線，沿路會有住戶、路人拍手歡呼，鼓舞大學生們的競跑。

一個大學生是一個點，點點就連成一條線，最快完成點成線的大學，就是第一名。是以基於個人體力，而連結形成的團體榮譽。

有家企業集團刊登廣告標題寫著：「一個人，不會獲得第一名」，而內容大意則是：「跑出高樓大廈而來的選手們，沿途鼓掌的市民們，支持大會的關係人們，吹著街道的風，被樹木的光照亮。因彼此相互重疊，支助同心，開導了我們企業。真誠感謝大家！我們將以相逢就是有緣，持續與大家結伴，來支持未來日新又新的每一天。這是我們不變的想法，永續的理念。」這家首達企業團最後強調「是人，是心，是一切」。

當今的臺灣，不是正面臨著「是人，是心，是一切」的困局嗎？既然已走頭無路了，何不來連成同心的一條線？有一保健品的廣告，訴求：「如果不做任何事，元氣會漸漸流逝」。

國家政事、社會諸事，真複雜，如能一刀解決省事，人人都希望如此，如能解決改善，或是達成眾民之所望，就像身體吃保健品一樣。

留傳臺灣寶貴的遺產

自一九九六年總統民選開始，臺灣總算走向民主的政治，迄今已有政權轉換的實績，真是不容易。何不維持此一形態的政治局面？而橫心讓民主逃走？

廣告中說：「黑醋與大蒜的力量，會形成每天的力量。」來個綠與藍的聯合，以爭取臺灣的健康，形成臺灣的元氣如何？

有一張手錶的廣告，其標題為：「改變現在。」是的，臺灣自一九六〇年美援斷絕後，被置之死地而後生。當今比當時更令臺灣人擔憂，但臺灣人還在醉生夢死中，時間不停，改革也要不斷。

另一家手錶廣告標題寫著：「要過的可不是普通的日子！」臺灣人，臺灣豈能視若無睹？要過不平凡的日子，就要改進。另有一則廣告寫著，「別用錯了使用方法！」同時要大家「要規劃年度安全總檢查」。

我們不是有立法監督行政嗎？如此運作不順暢，如不幸陷入混亂？好在臺灣居民，有眾多人是默默行事，腳踏實地，任勞任怨。其數在增加，所以底層應是堅固、紮實，可挺得住的。

臺灣的民主體制，是當代老、中、青三代努力出來的，是可傳給後代的遺產。在臺灣，尚缺少自然遺產、文化遺產等，而這個政治遺產得來不易，應是值得留傳的寶貴遺產。

期許二〇一八非凡歡喜

有一則展會廣告，邀人路過羽田機場時務必參觀。羽田機場陳列著過去幾屆的奧運會、殘障世運會的紀錄文件。此展覽會名為「銜接未來的遺產展」。日本如此努力推動，即將來臨的二〇二〇年東京奧運。實值令人感動，學習。

而二〇一八年距離二〇二〇年也不過兩年。二〇一八年應不是普通的年，天天該是非凡的日子。要改進自己應即時實現，要將其踏實腳步，留做為遺產傳給子孫。歡喜的開始，將是傳說的創生日，又是遺產的起始日。

原載於《動腦》No五〇七，二〇一八年三月

人生哲理在廣告裡

充滿內涵的品牌廣告，往往能引人深思，看日本有哪些品牌，做了什麼充滿哲思的廣告，感動讀者？

阿台每早起床，總會小聲說給自己聽：「我的未來從今天開始」。該飲料廣告寫著：早晨，真奇怪。儘管還想睡，但只要喝一口豆奶，我就變成另一個人。還沒有失敗，是未來的開始。今天要挑戰何事？這時，豆奶對我發號施令：「開跑！」我要創造記憶。是Kikkoman的！

在K牌豆奶下阿台醒來了，就開始他的一天了，未來的第一天了。

專注提供消費者所需的產品或服務

阿台騎著機車穿過田野奔向公司。好在田野裡沒有紅綠燈，不怕被警察發現，只是自己發現是否有速度違規？然不理它，反正四方八面根本沒有人影。「隨時在你身邊」。小聲細語來自心內。他才警醒，今天的工作第一項就是辦理亞馬遜影片（Amazon Prime）的工作項目。

中國古人司馬氏曾言：「騎在馬上時，文思泉湧」。阿台則是騎在機車上。能在苦思下，忽然獲得創意是好事，但在疾駛當中，要在意安全則是要事。

阿台到了辦公室，開會前老闆致詞，說做人做事都要往前面看，要有未來志向。日本中外製藥公司就有一則廣告，內文說：

只有生物科技（BIO）才能前往的未來。說自己是未來人，來自不遠的前方。

你所想像的未來，是車子飛在空中，機器人會侍奉人類嗎？至於醫療的未來是如何？訂製的藥品。手掌上就可看出健康症狀。病前的偵測。若有BIO或可實現。詳情就存在未來。

所以中外製藥公司要專注精神於未來的BIO。將所有的革新朝著病人所需，以創造來超越想像。

久保田不只生產農務機，更關心農產環境

阿台的團隊要銜向前方，要面對未來，難免會碰壁或踢到鐵板。要能知所負責任日本久保田公司就有一則廣告寫著：

背負農業。輕輕地。

有初老農人在薄霧未散的田野裡，背著竹籃；心想著嚴酷的農耕作

業，農業經營的複雜化，走向高齡化的農民；在這樣環境下要持續生產日本所追求，世界所夢想的高品質農業產品，是否有困難？

久保田公司持率挑戰這種困難的高牆。久保田公司願成為不僅製售農機，更進而關心農業有關的領域，使成為農業上有所必要的存在。不久東方既白，陽光注入深綠土地，過去被認為笨重的機械，發生著輕快的聲音；那定是吾久保田品牌產品送出的順暢加油聲，帶著對過去的謝意及對未來的期待。

有壁存在。是故要前往。

是以工作常有困難發生。日本電通公司之祖曾寫下「鬼十則」，以勉勵其員工。如下：工作目標，應該放在困難的工作上，完成困難的工作才能有所進步。但，又說：工作必須自動去尋求，不應該被指派後才去做。

阿台等人在動腦會議後提案了多件，以便既適合市場需要又符合客戶本身喜愛。

雖然市場複雜非一提案能解決，也非一提案能擺平內部異見，然其提案件之中都有尖銳創意。個個創意有其解決行銷問題的威力。

經典龜甲萬，經典美味

龜甲萬Kikkoman的廣告說：「用顏色來談料理」。該廣告內文：

在喜歡的人面前，不知道該講什麼話。於是開始料理。有紅、有藍、有黃，又有綠……

正如以季節的顏色來打扮。奇怪的是，將任何一色與醬油混合，都不會濁汙。這與做料理的我重疊。

在「好好吃」的稱讚聲音下，拿手菜一直增加。不久，來了個愛吃的人。笑著對菜不斷發出「恩媽恩媽」的聲音，是首次吃離乳食品的小嬰兒。

於是我拿手菜又增加一道了。不善言詞的我，人生因為料理而熱鬧起來。如此拿手菜，是因為醬油而使派對熱鬧起來。

廣告裡的主人創造了值得回味的拿手菜。

阿台與其他同事也經過不斷動腦，反覆思考，也能創造解決市場上問題的答案的。答案的創意是五花八門的，明智者才能看出其如醫師般的神透力。

人人皆有希望。要大碗，又要滿羹。已任期滿一次，又要再連任。已有一好，又要尋索另一好。希望對人來說是難題，是進步之因，也是敗因。看人如何控制。

有一則日本便當盒的廣告。其標題是：「既美味又量大」。日本過年不像臺灣春節，自己煮過年菜全家圍爐，很多家庭是像餐廳或飯店購買歲暮料理來渡歲末除夕。

該廣告強調的有幾點：一是圖案是原寸，二是精心親切完成，三為料理的品質與種類是細心考慮的，四為用冷凍技術封閉美味，五為重視素材原味等。

臺灣的年夜飯也在改變，而未能保持舊樣或現狀。

吾等居家生息，經常以為房屋不會變朽而一直保持常新。少時家居農村，常見先祖父年年對屋頂，對牆壁小補大修。如此修補，房屋使用了九十多年，而在近百年時，未能獲文化遺產之認定，慘毀於市政府的都市計畫下。

生長的居家，松下電器贏得人心

日本有家著名的百年企業松下電器，成功於產銷家電產品，之餘又建造家屋出售，也得盛名。

該廣告標題寫著：「生長的居家」。文內說：「這個國家，普通的構造房屋，無法保護重要東西」。以紅黑二條線來說明震動上下之情形。在訴求文中表示，廣告廠商五十年來追求耐震構造；認為強於地震的房屋應是「少搖動，先裂痕」；本公司建造房屋採用「座屈拘束技術」，而此法唯用於超高層大樓；通過日本最大的耐震實驗而獲得強度構造之證明等。

這一張廣告在訴求松下公司所建造的房屋是耐震度強固，值得安心購買的。在地震頻繁的日本，此證據說應是強有力的。

總之，人生要有希望，人生隨時隨地會思考，人生步步要往前看，人生前進時偶會強碰需要超越，人生要常做選擇，需要有創意，人生有希望，然要用於善念，人生要有堅定信念等。這六張廣告既推銷商品又主張人生哲理。

我們此生受教於聖人之書，賢達之言，對人生應持正面之態度，上述廣告已展現了此意。可謂人生哲理活在廣告裡。

原載於《動腦》No五〇七，二〇一八年七月

廣告裡閃耀著人生哲理

五則廣告，闡述著挑戰、角度、成長、廣大、傳承的人生啟示

自古以來廣告是做為商業推廣之用，後因宣傳目標不同，演變出企業廣告、形象廣告、通路廣告、政黨廣告、醫院廣告……等，衍生出眾多不同類型的廣告。是以廣告是推廣商品、服務、理念的有力手段。

上述眾多種類的廣告都與人生日常生活息息相關，因此廣告在發想與製作時，常加入具人生意義、人生價值的文案或圖案，於是商品廣告也能感受到人生哲理。

所幸這種人性廣告不僅對所刊之廣告商品有效推廣，且對廣告接觸者之人

心具有溫馨或淨化之心理效果。

茲舉蒐集到的數則富有人生哲理的商品廣告，來與讀者共享。

一、據聞地球土地已被開發殆盡，人類已轉向海洋爭奪，而天空開發已被視為將來之資產。日本三井不動產公司與三菱公司並列為日本大地主。正在爭霸其勢力於海洋，又抬頭目視天空，意欲開發無可測視的「空間」。

三井不動產公司是贊助二〇二〇東京奧運廠商之一，得有授權使用奧運與帕運（帕拉林匹克運動會，即殘障奧運）兩種標章之榮譽。乃刊登廣告訴求「邁向天空之挑戰者」。

廣告標題云：「等待著邁向天空之挑戰者」。文案內容摘要為：

一九六八年四月十二日，霞關大樓竣工，日本首次出現超高層大樓，地上一百四十七公尺，三十六層。這一幢大樓，讓日本的街景邁出了一大步。在國土狹窄的日本，開拓了『向空發展』的大大可能性。為完成此大樓而產生的嶄新發想與功夫，就變成了下次革新的基礎。是為日本都市開發、日本造街的轉捩點。

這五十年來，三井不動產確實掌握時代的變化，以柔軟的發想向新價值挑戰。再挑戰接下來的五十年。三井不動產展望未來，將會持續以革新挑戰，決定不會忘記該幢大樓所啟示的方法與想法。

二〇一八年四月十二日，霞關大樓迎接竣工五十年。

如此，三井不動產迎接了霞關大樓啟用五十年的紀念日，這幢大樓真是東京都的象徵。遊客在東京各處可仰望的高建物有天空塔、東京鐵塔和行政機關中心的霞關大樓。

二、吾人做事要有高度標準，也要有廣度視野。有一則五十七家廠商的聯合廣告，告訴大眾：「小學生們，對事物要從各種角度來看」。要求全國小學生選出東京二〇二〇年的奧運吉祥物。廣告列出三組候選，每候選有四種角度參考。

報載，日本已有約百分之六十七的小學表明願意參加，二〇二〇年的奧運與帕運將是全國性活動，而票選象徵二〇二〇奧運吉祥物之活動是未辨先轟動的社會性、校際性的活動。日本活動專家引發小而大的先機，創造連綿不斷、引人注目、引領期待的前導活動，以炒熱本尊——奧運出現。聖火也將跑遍全日本土地，以引起偏鄉聚落的關心與參與。二〇二〇年，日本將是全國旺盛之年。

創造疊疊高起的賽前社會活動，值得參考。

三、人從幼小到年少，總會日日不斷受到長輩、師長、賢哲者之一句話：「要天天成長。」這是期待話，鼓勵語，責備心。

日本商工會議所刊登了一則廣告。相關人員取得挑戰資格，開拓自己的未來。廣告內文如是說：「所謂成長，就是開始。所謂成長，就是努力。所謂成長，就是苦惱。所謂成長，就是超越。」吾等若要成長就要立志，就要計畫，就要有目標，就要有獎勵，就要有檢討……等。

四、在觀看人、物、事時不僅要從各種角度觀察，在觀察時也要從觀察對象的所在位置及其周遭四圍去思考。

東京國際大學以廣告告知世人「世界是廣大的」。該大學於二〇一八年從新址飛翔世界。

該大學節省有道，以一個版面訴求三件事，其一為校舍新址，其二為參加新年之大學驛傳馬拉松活動，其三為祝春。真是做事有盤算。

在臺灣，臺大遴選校長一事，帶來許多社會紛爭與嘈雜，實則浪費社會成本。其中包含了許多問題，政府的行政管理，臺大的自我管理，推薦委員會的自肅管理，當事人的內心管理……等。著實真難管，也非我等能行事。

五、亂事不能世傳世，待清理後，方能傳下，以免今世的苦惱傳給後世，又使承接的後世有了苦惱的遺產。子孫承接了難管的遺產又有何心謝之感？不怨聲載道已屬萬幸了。

有一則手錶廣告。將手錶當成遺產。廣告主圖為母女笑容相依，文案寫著：「刻有情愛在內的手錶，將被繼承，由母傳給子。世傳世。」

曾在廣告人時代，獲贈手錶多個。其一是電通前社長所送日本長野冬季奧運紀念精工牌手錶，其二是MCEI（國際行銷傳播經理人協會）東京前會長水口健次所送飲料通路開通成功的德國國民牌手錶。二錶使用已逾二十年，如今依舊精準無比，款式優美。深心喜之。

從吾等日常生活裡，工作做事上，休閒遊樂中常可聽見「挑戰」，「角度」，「成長」，「廣大」和「傳承」等詞語或話語，而這些日常語言又被應用在傳播生效的廣告上。是以廣告裡閃耀著人生哲理。

原載於《講義》二〇一八年九月號「溪邊小草」

廣告裡有人生紀念日

以最有價值之日，來勉勵自己

一年有三百六十五天，天天有值得關懷的日子。如生日，如結婚日，如情人節，如畢業日，如週年日……等。

這些日子值得紀念，有其關懷價值，其價值可由一天擴及三百六十五天的一年，甚至一生。

日本有些日子的紀念活動已由人及物了，值得吾人思慮。茲依蒐集到手的資料與讀者共享。

●**黑酢日**（九月六日）：「開始吧，一日一杯之健康習慣」，廣告上如此宣傳著。

●**醬油日**（十月一日）：廣告提及，「切磋琢磨，才得以保護醬油的品質與傳統」。和食在聯合國教科文組織是登錄有案的文化遺產，而支撐味道的原料多是醬油，目前正受到世界各地人的喜愛。

現今舉辦的「全國醬油品評會」，在「醬油日」集會上頒獎給各獎項得主，並由農林水產大臣獎之得獎者等多人發表心得感言。

●**黑輪日**（十月十日）：東京北區的赤羽與王子地方的黑輪專門店家，為宣揚制定「區域品牌」，選「一〇一〇」為推廣標誌。推廣活動的中心人物平田賢說：「像宇都宮的餃子，我們北區願被說成是『黑輪聖地』。有各種各色的黑輪美味能受到品嘗，是吾等北區居民之榮耀。」

●**鐵路日**（十月十四日）：一八七二年十月十四日，日本第一條鐵路通車，區段在東京新橋至横濱間，此日乃定為鐵路日。一九八七年，日本政府為提高經營效率，將國營的日本鐵路公司（JR）轉為民營化。而今，日本鐵路多以新幹線聞名，電車則以準時受人稱讚。

●**新聞周**（十月十五日至十月二十一日）：日本新聞協會與讀賣新聞共同刊出廣告，意旨在邀請大眾多閱讀報紙。

日本報業界與臺灣報業界有同病相憐之勢，乃是報紙銷量持續下滑，因此需展開促銷活動。該報紙廣告應是促銷活動之一，而下述送報日亦然。

●**送報日**（十月二十一日）：訂閱報紙的讀者應會天天感謝送報人，因為報紙壽命只有一天，送報人要冒狂風暴雨於當天送報到府，如能獲得閱報人之衷心支持，送報人定會感受莫大溫暖。謝謝送報人。

見一則送報日廣告分為上、下兩段。上段是母親寫給女兒從事送報工讀生的慰勉信，下段則是七家廠商支持報紙宅配的聲援。

閱報者如吾等，不僅要在送報日感謝送報人，還要擴及一年或一生感謝辛苦送報人。

●**化學日**（十月二十三日）：本則廣告由十二家公司聯合刊出。標題寫著：「在吾等日常生活裡存在很多化學物」，而內文說：「食、衣、住開始，在家電或生活用品、交通車輛、醫療品、能源……等物，均有許多化學之力支撐著吾等每日的生活。為了更舒適、更便利的未來，化學在今日也持續進化著。」廣告廠商或許為求消費者的認識充足，還以漫畫詳細說明。廣告希望以一日之說來產生一年之效吧。

●**高山祭**（四月十四日到十五日、十月九日到十月十日）：日本中部的岐阜高山市，每年舉辦兩場高山祭，一場春季「山王祭」，一場秋季「八幡祭」，聯合國教科文組織認定其為世界無形文化遺產，日本政府則認定其為國家重要無形民俗文化財。

神的屋台在白天出巡時以其絢爛豪華吸引人群，夜晚再依路線走動於古街道上，祭神屋台之搖晃提燈，實在迷人。

高山市的南方有個飛驒古川市，在每年冬春之交有「醒人太鼓日」。清晨四點鐘，由僅穿丁字褲的未婚男士抬轎太鼓，邊打鼓邊走巡於狹隘古道。太鼓聲轟隆作響，似在告訴睡夢中的居民該醒了，冬天已去，春天正來，要耕作播種了。

●**撒隆巴斯日**（五月十八日）：廣告刊登在當天，應是自定紀念日。標題寫著：「今天，五月十八日是撒隆巴斯日」，內文說：「今日是治癒疼痛的日子。請把治痛傳給你的家人或友人等重要的人。」

還在廣告裡告示讀者撒隆巴斯活動消息。並有結語云：「貼緊未來」。在自定紀念日的廣告上，表示其對人之關懷，堅定其對人之關懷，堅定其對將來之心志。真令人感受其認真。

由上可知廠商為要樹立或擴大其商品或品牌，努力建立其紀念日，吾等亦可仿效之。

可擇自己最有價值之日為紀念日來自我勉勵。將過去之成長、成就，使用現成照片及幾字編輯成冊，留存子孫，這可能比分財產給子女更有價值。讓子孫在先人的紀念日（生日）上翻開其生前所作的「自我小史」，以思慕懷念先父、先母或祖先，飲水思源。

總之，公私紀念日是在懷念、檢討過去，以擬定、策畫將來。「自我小史」亦然。

原載於《講義》二〇一九年一月號「溪邊小草」

感謝出差享和食

「民以食為天」是祖先傳下來之古訓。「吃飽才有力氣做事」是當今做事口語，或藉口吃飯。

過去因職業關係常有機會來回於臺灣與日本。在事務接洽完畢之餘，就去逛圖書館、百貨店、量販店等，以蒐集資訊帶回公司做為業務規劃之用。

工作之餘，常會有肚餓口渴之生理現象發生。在肚子餓做不了大事下，找餐館以填飽是要事，如能遇到美食則會有意外之喜。

日本的街頭餐館各個清潔、衛生、親切，足可安心飲食。然在接待上、裝飾上、美味上，仍各顯身手。

美食，出差的意外之喜

筆者有幸有幾次機會受邀出入日本人視為高級店的餐廳。自身享受之餘，願將其推薦給勤跑日本的人士。

一是：北海道大道街的「相撲鍋」。冬天零度下享受了此暖呼呼、材料紮實的大鍋。邊吃邊想，相撲手之會如此又大又胖之身材，該來自於此鍋。實為名符其實。

二是：東京帝國飯店的早餐。餐廳在頂樓位置，可俯瞰公園，樹綠匯入眼珠，一日之始就會湧出生氣。該餐廳提供著種類眾多的食品供客人選擇。該餐廳的客人應是來自世界各國，黃、白、黑等膚色者在所多有。

食品則鮮乳、鮮蛋、鮮魚、鮮果，加工者則有煎蛋包、炒麵條等數不盡、記不清。最重要者，在其人來人去當中的餐廳人員之服務，一直保持態度親和，臉上微笑，聲音和藹，動作勤快，如今會不時泛出在腦海裡。

三是：帝國飯店的炸鮮魚料理。料理店設在地下樓層。裝潢佈置以木材為基調，易使人感輕鬆，服務小姐一律著藍色和服，挺直微笑。

半百主廚額頭繫白色帶子，微笑說：「先生，您又來了，歡迎！」主廚再三強調材料要鮮，炸品才會好吃。他會將炸鍋裡炸好的炸品，小心翼翼地用長筷挾出來送到客人盤上，而後得意地說：「包您滿意，新鮮的」。

吃炸品配以冰冷日本酒，那一口真是人間極品。該「天一」的天婦羅炸品，令我時常想念。也讓我更堅定信念：廣告創意必須是新鮮的。

令人難忘、難得的河豚新鮮鍋

東京「天一」天婦炸品店令我想念，大阪河豚新鮮鍋也使我懷念。

該河豚料理店的建屋構造是一樓為料理處，二樓為用餐處。客人在一樓點菜，之後需爬梯子上二樓。梯子是木頭做成的，是人工架上去的。雖然要小心翼翼，一步一步攀爬上去，但難免會生怕怕。然一旦爬上去，卻見海闊天空的寬廣房間在眼前；剛才爬木梯時的不安就一掃而空，換來有充實的安全感覺。

由心怕的恐怖感換成心安的平安感，其驚險過程猶歷歷在眼前。這種前後做比較之訴求在廣告表現上也常有所見；前者比較易見效果，然身經體驗則其效果會更深刻。活動（EVENT）常使用之，期使人人記憶良深而具有效果。

該店使人感動者，不僅該木梯爬二樓之設備，更有料理河豚生吃。河豚是具有毒性的海鮮，料理為鍋物供客人品嘗，需要有國家執照者方可行之。該店擁有這種執業證照，故主人安心宴請客人。客人難得享受一頓如此美味的冒險菜餚，當然會有記憶良深的美妙回憶。

河豚產於日本九州一帶，該九州島上定有為數眾多的河豚料理店。廣告考察後不妨吃個有刺激的料理，使廣告創意因刺激而不斷湧出。

日本人有言：「大阪人因吃而破產，而東京人則因愛美而哭窮」。東京六本木有家涮涮鍋店名為「瀨里奈」。要在該店用餐需先預約，赴店時要衣著整潔。鍋店如此束縛客人，並不在拒絕外來客人，而是在提高鍋店之格調。如此對店與客各有利。

該店的涮涮鍋材料使用的是一級的和牛，一級的鮮蝦。在鍋中涮三至四次，和牛肉就入口即化、肉味也合人入口味。尤其是配料會更使鮮肉增加味道，而增加多吃一塊之食欲。如此使客人食欲一再增加，真是經營之良道妙法。

此「瀨里奈」涮涮鍋店使用的鍋材新鮮，配料撲鼻，接待親切，難怪名聞全球。從店內客人膚色及菜單字語就可證之。

極富特色的資生堂樓

東京銀座有一棟樓名為「資生堂樓」，該樓內設有資生堂之歷史文物品，商品販賣處，又有餐廳可供咖啡、飲食、飲餐。

逛銀座，肚子餓了，可進去吃一盤咖哩飯，其味美極，疲倦會頓失；如多加一杯咖啡，則會元氣加倍。是休息、會客、果腹之天堂。

日本資生堂是MCEI的東京會員，其代表曾擔任東京會會長，有特別的親近感。

東京銀座又有一處休憩場所。是著名的廡屋店鋪。店中當然有售著名於世的銘果；又售有宇治金時刨冰，供客消暑。宇治在東京近郊，以產茶聞名，金時亦在東京近郊，以紅豆著名。此二種農產品與刨冰構成消暑盛品於銀座街上，在地人及外來人真有福氣享受二合一商品。

讀者亦會有福氣，下次遊東京時可進去消費。觀光時也應觀光此種名店。

日本傳統的歌舞劇表演場所歌舞伎座就在銀座街上。在其鄰邊巷子有一店經營著鴨肉麵。客人如水流般進出，區區小店有如此盛況，實因其提供的食品真物美價廉。雖然有一些目中無人之團體客之騷擾，然尚可愉快享受其料理之庶民貴氣。

日本人求精質料理於傳統，也求擴展日本料理於當今。

廣告裡的好滋味

日本著名於世的龜甲萬醬油曾有廣告：標題云「和食是冬天的煙火」，其色、其味，令人大開眼界有如煙火在冬天燦亮使人感溫暖。

日本有名的味噌廠家曾多年推動「和食文化之保護、繼承」曾刊登廣告，標題說：「日本的餐桌上，每天在現無形文化遺產」。

日本龜甲萬醬油公司應有信心於其事業是以徵文來進行市場調查。廣告標題如下：「請投來文章，以表達『你有關食的美味回憶』」。此徵文比賽分一般部門獎與小學部門獎，各有限制條件，也各有獎金。廠家力捧本身所從事的職業，真是符合扶輪社提倡的職業服務。

除此之外，和食又被地方政府或產業利用來做為返禮的物品。促能增加稅收。

地方的能登半島被國際文教科組織機構指定為世界文化遺產，處在該地的輪島市曾刊登廣告，既請教故鄉納稅（編按：日本的「故鄉納稅」制度是為了平衡城鄉差距以及地方稅收而創建的，自二〇〇八年起推行，鼓勵民眾將住民稅捐回故鄉，而指定收款的地方自治體則會致贈捐款人地方土產作為回禮）已辦理否，又感謝完成地方納稅事宜。該地方政府廣告以一隻大螃蟹出碧，在其上之廣告標題則問：「今年的『故鄉納稅』是否已繳納完畢？輪島市會以感謝之心情與回禮之物品即時送上。」好意催促。

年夜飯 故鄉納稅之促銷品

有家「慶福屋」料理店，則刊登廣告，云：「請利用故鄉納稅來享受『有人氣之料亭新年飯』。」料理店為推銷生產，竟以廣告教人利用故鄉納稅來取得歲暮飯。用心提案。

有家「千壽屋」料理店刊登廣告云：「年飯交給本店，是故鄉納稅具有人氣的料亭年飯。」可見日本人喜愛料亭氣氛；千賀屋的推銷生意使用料亭懷舊與故鄉納稅之一石二鳥方法，莫是高超。

有日清醫療食品公司則刊登廣告，其標題云：「願貼近你每日的健康」，真尖銳的是利基策略。過年就怕吃壞肚子，就怕營養偏食，該店提供鹽分恰當適量的年飯，而且可食宅便以符訂家需要。真關心、服務到家。

以上的年夜飯也好，舊與新也好，均被當著故鄉納稅的促銷品。

總之，名店的名菜，或故鄉的年飯，都是可果腹的名品。因其有優良品質經過市場激烈競爭方得有上位品名。先有品質而後有品名的。二者均憑努力而來。

原載於《動腦》No五一六，二〇一九年四月

廣告裡有人生勉勵

超越今日的我，將是明日的我

人需要時常勉勵，方能上進不停。廣告發布在大眾媒體上，其傳播效果會產生倍數價值。是以傳播者願使用報紙媒體來刊登廣告以勉勵眾人。

有一則明治製菓公司的廣告：「會超越今日的我，將是明日的我」，其商品是能健身且增強體力的保健食品。

廣告廠商勉勵選手、運動員或眾人，吃一口保健食品，以超越自己。聖賢梁啟超曾言：「不惜以今日之我挑戰昨日之我。」讀者可將此二者相對照。

日本的職業棒球名手大谷翔平遠渡太平洋加入美國職棒，榮獲二〇一八年美國職棒大聯盟ＭＬＢ年度新人王，而有成就榮歸日本度假。日本航空以彼為代言人而刊登一則廣告，標題有云：「最開懷大笑的人，就是最苦練忍受的人」。內文如此寫著：「你總是笑臉常開。在你國小二年級剛開始打球時如此，在現今獲得新人王時亦是。但，在笑臉背後，卻流過有倍於他人的汗與淚吧？你曾比別人更辛苦地練習：放學後、休假日，你專心打，專心投。若問小學時候的你：『你能想像一個在美國活躍的你、一個未來的自己嗎？』你一定回答：『那種事，我不知道，只是一生懸命而已。』新人王，是你棒球史上的開始。在今後，你的棒球生涯路上，我們不管順風或逆風，都支持『笑臉的你』。歡迎歸來，祝賀封王。」

廣告廠家日本航空透過在日本最具影響力的報紙《讀賣新聞》如此歡迎大谷翔平歸國，也祝賀其獲得美國職業聯盟的新人王，真是稱讚有加。想來這一報導會使日本大眾深感與有榮焉。日航對大谷翔平之勉勵廣告，定會有莫大價值，深入人心，笑容背後，實有苦練。

另一則精工錶廣告，也是以大谷翔平為產品代言人。標題：「未來呀，要吃驚」，其內文則說：「所有變成過去。」並於廣告下方明顯標示精工品牌創立於一八八一年。意味著品牌從創立到如今，一百三十八年將成過去，而新的將來將從此刻、此錶開始。

二〇一八年是精工品牌新紀元的元年，難得請到同年獲獎的新人王大谷翔平為此錶做見證。新新相配，更是輝煌。將會互勉互勵有連連吃驚之事不斷發生，吾等樂觀其成。

未來之事不在眼前，是以看不見，然而當今之事正在身邊，卻聽不清。聽不清真是折磨人。因此掛助聽器，或可改進此缺點。

有一助聽器商品刊登了一則廣告，標題云：「來與家人話家常」，而內文說：「家母常笑，也愛說話。但最近變了，孫子對她說話，她卻以微笑對應，喊聲也得不到其反應，常使我不得不大聲喊叫。針對這樣的情況，助聽器或許在家人間會有助益。真願家人時常開懷大笑，無所不談，真想與家母促膝長談有關『聽清楚』的問題」。看來真可憐，但，這或許是老人社會的常態，人人遲早會遇到此種家內事。

吾等感動之餘，應自我警惕。如此想到，民主社會以至於選舉期間所造成的紛爭，應是發生在「說清楚」與「聽清楚」之事。家常話「聽不清」，惹得民怨叢生，終致政策失信於民。官民在今後若有話家常機會，應該把握「說清楚」與「聽清楚」，彼此將會有更好之溝通。

如時常有這種機會將可出現「日新又新」局面。日本松下電器公司於去年適逢創社百年，刊登廣告以過去與將來感謝大眾、勉勵自己。其內文文意引用自其創辦人松下幸之助的著作，大意為：「過去有喜憂，人有各色各樣，新年作媒，不能沿用過去，萬物日新，人的經營亦如是，不可停步，要保持新鮮之心，以新鮮之心來迎接新的一年。」

該廣告在在以要有新心來迎接新事，勉勵大眾新的心多重要。

總之，未知的將來是令人大感驚歎的，就像最大笑的人是最辛苦的過來人，超越今日之我將是明日之我，來話家常或日日新……等，都有濃厚的自勉與勵人意味。有些人喜歡喝酒乾杯，一則啤酒的廣告如是說：「讓大家在乾杯時有更濃郁的美味。」

原載於《講義》二〇一九年五月號「溪邊小草」

廣告裡有人生感謝

各種人生中的感謝之情，各大企業、非營利組織，如何用創意廣告加以詮釋？

在日常生活裡，吾等會因受惠於人，而得到助力，心懷感恩或口說「謝謝」。若要對看不見的眾人表示謝意，則有賴在大眾傳媒上刊播謝詞，或表示謝心。

表達謝謝是好習慣，而這種好習慣之傳承有賴家教或社教。在家教方面有賴長輩之灌輸，而在社教方面則有賴能發揮大效果的傳播媒體刊播；而在刊播上，則廣告亦應有責任與使命。從廣告角度來舉例：

作文比賽，寫下滿心的感謝之意

其一，在日本最大市占率的讀賣新聞社與財團法人安心財團，和社團法人日本PTA全國協議會，辦了以幼童為對象的作文比賽。廣告上的訴求如下：標題是「將感謝之心繫往未來」。

徵文主題有二：一為小孩向父母致感謝之意。二為嚮往之工作、夢想之工作。

徵文廣告的內文則說：「請將通常說不出口或寫不出文的對父母感謝之心情意思寫出來，或將嚮往的工作之心思做成作文」。

小學生所寫的作文，有些很令人感動於心。筆者與兄弟們組成的五美文教基金會，每年都在臺中市壯屯區五所國小舉辦「小朋友的短信活動」已歷二十二年。在評審時常為其得獎文眼眶紅潤。

日本兒童文學作家櫻桃子（SAKURA MOMOKO）被一家出版社當成廣告代言人，而刊出其著作全系列名單，可見該作家甚受幼童喜愛。

該出版廣告之標題說：「謝謝SAKURA MOMOKO」，內文為：「吾等閱讀您所繪的作品，又笑，又哭，知道了每日平凡的溫暖。」廣告內羅列的商品就是其繪畫作品。而幼童的笑臉表現了濃厚的謝意。令人心內生出溫暖。

（註：作者姓名是以日語出現，英文名字係照音譯，而漢字姓名則是推測。）

人生中難忘的看護故事

其三的廣告是日本看護協會所刊登。從廣告看來協會為舉辦此次徵文而有設事務專門單位。可見其用心。

此次徵文活動之廣告標題是：「忘不了的看護故事」。而其內文則為：「在醫院、產院、養老院或家裡，不同的看護，會有各樣的故事。充滿誠心的行動，感動滿心的言語。溫暖的雙手。刻骨銘心的趣事。今年也請告示有關看護的重要事蹟」。

徵人活動有獎金之設置。特別獎是內館牧子獎（厚生大臣）獎之四名得獎作品將拍成電影。誘因很強，值得一試。

六年前年末筆者曾住進臺北榮總多天，受到看護的無微不至之照顧。又遇到曾領過臺北北區的扶輪親恩獎學金的白護士前來照顧。真是人生何處不相逢？

若筆者是日本病人定會投稿此徵文活動。但我非如此，仍然心底感謝臺北榮總之護士們。

感謝大家支持

下個廣告是日本棒球西武獅子隊所刊登的感謝廣告。感謝二〇一九年度球賽時大眾的熱烈支持。是以要在十八個西友店鋪舉行折扣銷售，十八店名全列。展開五天。

雖然西武獅子隊未得冠，但其「得人一斤還人四兩」之報答謝心未泯，令人感可貴。

「喫人一斤還人四兩」是先祖父之教導。那就是要有得自於人則需感謝人之作為。意味不能白拿，要能報答人，既使禮輕也要情重。

再來一個是日本划舟聯盟的全頁廣告，有十二個盟友列名其上。廣告所要訴求的是感謝加油。其標題就是內文。如是說：「二〇一八年八月獲得世界划舟選手權的金牌獎與銀牌獎。更近者在亞洲大會上獲得四項金牌。感謝大家對我們的加油」。

五個選手在廣告上笑臉大展表示看得到勝利同時獲得支持；歡樂與感謝同現在臉上。

美味料理充滿感恩

其次的廣告是食品的廣告，商品是「REGALO」義大利麵。廣告說：「母親節，送麵來，謝謝！」內文則有「母親節快到。心懷感謝來料理母親最喜愛的義大利麵，以做為賀禮？在義大利語上『麗佳柔』表示贈品。要料理，則佐料一應俱全，真適合特別日子的餐桌上的美味」。

母親節是特別日子，兒女要表示孝親謝意就以料理美味來呈現，而美味料理則來自廣告上的「麗佳柔」義大利麵。廣告真有創意，謝感十足。

再來有個小篇幅的廣告；主辦者是感謝玩偶協會。臺北市有類似組織，即臺北市基金會戲偶館。

該廣告的主旨是為玩偶送行拜拜，感謝玩偶陪人做伴，如有破損者明治神宮將為其祓魂收納。該廣告標題云：「玩偶感謝祭」，內文說：長久以來相伴的玩偶，不忍因老舊或破損而丟棄；如有這種不要的玩偶，則請帶來，神宮將為其舉辦祓魂送行。

此舉真符合日本人的「山川草木悉有佛性」之宗教觀念。廣告助者日本人的這種善行之特有與推廣，助強感謝之念。

生命安全的重要

最後小孩會長大，帶著父母之施教而一起長大，認識著人生只有一次的觀念。是以由小孩變的學童來推動安全應是恰當的。該廣告是全頁的，彩色的，可見生命安全是多麼重要。

該廣告標題如此訴求：「車輛的安全有進化。大家的安全意識也該進化吧」。內文則說：

不管車輛或防止事故之技術多進化，重要的應是在騎車或駕車的人以及步行者的心態。

ＪＡ共濟（日本共濟會），為使學童們也能了解交通安全之重要，在全國中、小學舉辦交通安全海報比賽，已持續了四十六年，人人如能自覺，則人的安全意識定會有所進化。從今此後為社會能安心過日，吾等將會持續推動交通安全之啟發。

真感謝日本共濟會之發願、堅持。廣告內有四則海報，右上者是表示「不要有危險騎車方法」，左上者為「舉手過馬路」，而右下者是「開車中別使用手機」，左下者是「別飲酒開車」等。

四張海報出自小、中學生之巧思，提示了交通安全之方法。交通安全之方法可由此水波漣漪式的擴展而會有更多方法。正如星火燎原，該感謝學生們的創意，也要謝主辦的日本共濟會。

臺灣的交通事故愈來愈嚴重，吾等能否效法他人，來個年年有云的交通安全活動？

總之，個人是與他人共存於這個社會的。個人成就有助於社會成長；但，成就者常會感謝其團隊或家庭或周遭。真能認識個人成就來自眾人關懷，該感謝他人。

人生有感謝常在廣告裡。

原載於《動腦》No五一八，二〇一九年六月

廣告裡有人生期待

人活在這人間世上常有期待人或被期待之事。這應是人生常態，吾等應平常心處理之，使自我成長。

活在世間常被期待，如要拿第一名、要成功；也常期待別人，如要考取大學、繼承父業。有一則廣告、標題寫著：「世界正在期待著日本」，廣告版的左半是內容文字，而右半是兩個人的照片。

受人期待的日本

簡要內容，則是：「我有一個民族，希望其不滅亡。四面有海的東方島國，日本。崇拜自然，而築成獨自文化的國家，日本。」一八六七年巴黎萬國博覽會上出品的日本美術工藝品，一瞬間魅力四射於西歐，莫芮、魯諾瓦、高荷等人的畫風也深受其影響。先人的巧手與產業藝術是現代「酷哥」日本的泉源。

尊重誠實、勤勉、禮儀與友愛而吸納異文化造成新文化的技術與感性。連一絲皺紋也可看出美與喜的纖細性。在細節部位也賦予生命的執著工夫。真可誇耀於世界的無形文化遺產。只是昨今，有無自傷或萎縮其自誇自傲否？

法國有兩名世界級演員，其一人期待：「日本要帶著自信來領導世界。日本有元氣，則大家會受刺激，也包含我」，其二人期待：「日本深奧巨大的精神性、美意識，使我感受榮譽與友情。願挺胸共同邁進」。「世界正在期待日本」。

從上述廣告可知日本受人期待，真幸福！應會發憤圖強，不辜負人。

三井不動產，向「空」進軍的可能性

第二則廣告，其標題云：「天空正期待有人來挑戰」。這是三井不動產公司的廣告。其內文有說：

一九六八年四月十二日。東京霞關大樓竣工。由此棟起始，日本的造市踏出了其巨大的首步。

在國土狹窄的日本，開拓了向「空」進軍的可能性。在建地配置了綠地、廣場，取回了都市的人性。

建造此大樓嶄新的發想與工夫，成為下次建案的創新基礎。是日本都市開發、日本造街的轉捩點。且影響及於各類改革。

從此以來五十年。三井不動產掌握時代脈動，以軟性思考，挑戰新案，來創新價值。

從今此後五十年。三井不動產將不斷地以改新來挑戰。秉著那棟大樓的建造精神！

上述霞關大樓是日本行政機關的行政所在，已有五十年。其高有地上一百四十七公尺，有三十六層。聳入天空裡是常事。是以期待有人向空挑戰。

野村證券 推動「自己的變革與挑戰」

其三是證券公司的廣告。其廣告標題說：「持續挑戰者方能打開次時代的扉門」。日本野村證券公司期待著有敢挑戰者陸續出現。

廣告內文如是說：

羽生善治當初獲龍王戰的頭銜時是十九歲。去年榮獲永世七冠榮銜也在龍王戰。今年則有「稱冠百期」的目標，人人期待著。

羽生善治雖已成為國民榮譽賞的受獎人卻時常在追求「誰也不知的一手」而挑戰。他云：「ＡＩ等的科技在進步，世界的變化快速而持續，棋也不例外。」

在不確定時代的當今，該問如何向前進。野村證券亦然，正指向比當今更進步的未來，而推動「自己的變革與挑戰」。野村證券將持續支持羽生善治龍王與其在將棋界的挑戰。野村證券期待羽生善治龍王，也藉此期待自己能開啟次時代的門扇。

有一則「日商簿記」的廣告，該廣告說：「所謂成長，就是開始。所謂成長，就是努力。所謂成長，就是要煩惱。所謂成長，就是能超越」。

畫面是一個人站在山頂上面向雲海上的初升太陽。下面有二句語。「年始就要啟用的日商簿記」、「吾等會支援你輝煌的一年」。

日商簿記期待祝福使用者之一年輝煌，而使用者則期待今後一年能善用簿記。

能代代相傳的手錶Patek Philippe

此則廣告期待一年的善用簿記，下一則廣告則是期待世代傳世代被善用。該則廣告是手錶Patek Philippe的。

全版的廣告中，母女情深盡在上邊畫面上令人羨慕，在下面有個彩色的手錶呈現著其耀眼豪華，其左邊就是訴求的文案。字少而意深。該文曰：「刻著濃情厚愛，本手錶將被繼承。由母傳女，世代傳世代」。

能代代相傳的手錶應是不凡。當代帶此ＰＰ手錶者應會期待次世代亦能具有相配的身分來承接此ＰＰ手錶。如此，ＰＰ手錶就變成家寶或遺產。顯示此手錶之價值非凡，代代有新意且期待有新價值。

今年新春雖已過，然其期待應已實踐部分。東京國際大學曾於元旦刊登跨頁廣告。標題云：「世界是廣大的」，而內文看來則有期待要世人知曉。其一是在二〇一八年將從新校園向世界飛翔，其二是祝賀新年，宣佈積極參與國策「運動立國」，其三是參加新春東京等各大學比快慢之箱根驛傳馬拉松接力賽。

廣告的旨意應是在拜碼頭，然語氣則有雄壯之志。期待此後起之秀能在世界大學排行榜上能列名於上位。

要列名於排行榜上位可不簡單，臺灣的大學雖努力經營卻迄至目前為止仍難擠上前名。東京國際大學有雄心，樂以祝福期待。

總之，人活在這人間世上常有期待人或被期待之事。這應是人生常態，吾等應平常心處理之，使自我成長。

原載於《動腦》No五一九，二〇一九年七月

廣告裡有人生精彩

夢想成真的具體方法，在於持續不斷挑戰以邁向未來

在日本人懷念沒發生戰爭的「平成時代」聲中，在位三十年的明仁天皇，於二〇一九年四月三十日讓位予德仁後，「令和時代」即取而代之。

雖然時代變遷，仍有不變者繼續存在。有一則廣告，刊登主是雪見大福糕餅店。該廣告標題是：「即使變成令和，『福』的形狀是不變的」。內文則是：「請從二十四種大福餅中挑一種，請投票。吾家餅店會贈送相同產品給百名顧客，再者，吾家餅店將在令和二年正式製售完畢。」從文看來，「福餅」將從平成時代持續販售至令和二年，讓客人仍然買得到、吃得到所喜愛的糕

餅，延續這份幸福。未來，其製作走向是否調整？形狀是否改變？皆不得而知，但仍期待。

一般人在生活中，總得意於順境，而苦惱於逆境。有則廣告，由一名世界著名衣裝製造家為刊登主。標題云：「遭遇逆境是幸福的」，內文則稍長，需耐性閱讀，感受其故事性。文中談到新進員工因錯派工作感到懊惱，經上司提醒，從員工出路與經驗點破，進而恍然大悟，乃決心不辭而續留，終至成為快樂的辦事員。

逆境的磨鍊使新社員轉心而留，變成一流職員。廣告有留人妙方之功力，實在厲害。文字雖長，但故事有趣且有益，令人心生同感。這樣精彩而有所感觸的廣告，還有以下幾則，筆者試著分享給大家。

如果員工到職不久即要辭去，也有可能是企業單位不精彩、工作無聊。有一則廣告談到與此相關的問題，該刊登主以標題告訴讀者：「有無聊的日子，但絕不會有無聊的人生」。何以不會有無聊的人生呢？答案在內文，短短一句話，云：「人生，時時要有夢。」是的，有夢就不會無聊了。而為了讓夢想成真，更使人無暇無聊，反而精彩起來。

這個廣告的刊登主是日本郵政壽險公司。其用意是傳達，人生有夢則精彩；而要讓它成真，則是更精彩。

日本學習院大學是皇親貴族子女所就讀的大學，如今已淡出其色彩，然依舊留有過去餘暉。該大學曾刊登一則廣告，標題云：「畢業生也好，新生也好，會有紮實的天天，會有精彩的每天」。內文有兩位校長談話，其一為學習院大學校長井上壽一的談話，另一為學習院女子大學校長的說話。前者內容是：「大學的所有學科都在校區內，科目的選修、溝通、往來甚為方便。大學著重於畢業後的就業活動」。後者內容為：「本校是將對立概念融合起來的學府，如『傳統與現代』，『日本與世界』，『小規模與多樣選擇』……等。在學校規模尚小的狀態下，著力於『看見臉孔』的關係，使學生與教師間的關係更為密切，且能妥善準備學科內外之開課資源，例如海外留學、學業資格取得……等，培養活躍於世界的女性人才」。

不同學科可在同校區學習，一向被視為對立的兩種概念可融合探討，真是方便學生去努力紮實，去生活精彩。真令人羨慕。

學生可在就學時逐日築夢，然夢想之結果貴在持續不斷的追逐。

有家公司名為富士通，刊登一則廣告聲援滑雪選手森井大輝。其廣告標題云：「前面有無限的夢想。是以要持續挑戰」。內文說：「不挑戰，則內心後悔，感覺無法提升。如不努力，則不會遇上對手。在這個世界裡，沒有不斷勝利的贏家，人各自向其目標前進，以提升自己。所以持續看緊前方，未來，才有將夢想化為真的力量。本公司喜愛運動所具有的耐性、挑戰的精神，加上不變的熱情，以邁向明天」。

可見夢想成真的具體方法在於持續不斷的挑戰以邁向未來。

持續不斷努力可使夢想成真，而促進人人之幸福感受。不斷努力，也會產生代價的——一種發自內心的幸福感。

有家房產公司名為積水房屋公司，在日本是頗具聲望的企業，刊登了一則廣告，標題為「五月天空的回想」。在日本，五月五日是男童節，家裡有男孩者就會在門前掛上布製鯉魚，讓其於空中飄遊。至於家中有女童者，則在三月三日的女童節，擺設小巧布偶，以示吾家有女。

積水房產「五月天空的回想」廣告內文，試譯如下：

兒童的記憶　從幾歲開始有
首次的家庭旅遊　是否還記得
很多的照片　現在　則是動畫
左顧右盼的回想　是雙親所有的了
鯉魚高飛在屋頂上
色美味鮮的大餐　在當天餐桌上
能到幾歲　我家的男童節
所以當天　是不可代換的日子

翔遊吧　在五月的天空
懷著祈願　與家族一同　翔泳在天空
這種場所　是世界上獨一無二
這種奇怪的　幸福場所
別處所無

廣告上的詩有情、畫有意，日本兒童真幸福，有大人之祝福。吾等臺灣兒童亦有大人之祝福，只是其祝福難得讓大眾看得見，如有具體表達，讓情意看得見，那該多好。

日本有家電視臺就以七日節目來具體表達祝賀之意於媒體。這家電視臺在報紙上刊登了廣告，表達對兒童之看法與做法。

標題云：「面向兒童・面向未來」，而其內文為「面向兒童，見其可愛，不禁微笑。對雙親而言，對大人而言，那是極幸福的瞬間。不過不應只望兒童，就可了事，要真正面對，以想像他們成長後的未來，也是重要的。日本、世界將會如何演變？在這演變裡，不僅有期待或希望，亦潛存著不安與困難。所以吾等大人要從中摘取未來的暗示，而有將之傳延下去的責任。在七天一週裡，本臺會確實面對兒童，思考對未來能做什麼，請你也來參加」。該文真是語重心長。我們也該邀請臺灣的電視臺與觀眾一同面對兒童，思考兒童，看能否找出現今問題及未來困境的具體方法。

希望這種關懷能如一家汽車進口商Yanase在廣告所說的，「Yanase不製造汽車，但創造有汽車的人生」，此信念「持續支持了一世紀」。但願讀者雖不製播電視節目也能持續支持關心兒童問題的電視節目及各種單位組織。

一個外國歌手，到日本打天下，有所成就，刊登廣告推銷唱片，名為「發自衷心的歌曲」，其廣告標題是：「在日本，最高的感動，叫做喜極而泣」。希望人人在每天或每年，都有喜極而泣的故事。

上述幾則精彩的廣告內文，讓人感受到廣告如文章創作般，也能給予不少體會和智慧。而我們在廣告裡，不僅看到商品，也看到人生不可或缺的人情。

人生真是精彩。

原載於《講義》二〇一九年八月號「溪邊小草」

廣告裡有人生盼望

廣告裡有自我期許，以及被盼望的事情，讓我們一同看看日本各大品牌，充滿自我期許與人生盼望的創意廣告。

人會自我期許成為企業家、教師、律師、政治家、工業家；而又會被盼望子成龍、早生貴子、狀元及第、光耀門楣、榮歸故里。

在廣告裡也有許多這樣的自盼與被盼出現。

紀錄是用來被更新的！

朝日綠健公司的一則報紙廣告：標題為「向呀！向夢」，使用相撲強手橫綱白鵬為代言人，內文則大意如是說：「紀錄的意義在於被更新。這是相撲界大老龍鵬師父給的勉勵話語。白鵬胸中懷此志，獲取了三十三勝，這是前人未到的境界，他邁出新的第一步。日日勤奮的練習就會湧出勇氣，生出自信。如此，走過來的路會形成踏實堅固。但，這不是目標。來吧！走向下一個夢！」

該廣告廠家是希望藉著白鵬相撲強手的精神，來自我盼望期許。

日本最大的旅行社JTB，刊登一則報紙廣告，標題云：「縮短時間，讓世界更接近」，內文則建議遊客乘用包機。符合人盼的心理，也是自盼的要求。如此能減少經濟艙症候群，實在是旅遊上的革新。

日本夏普公司最近被鴻海公司併吞一事，曾轟動全球產業界。其實，日本夏普公司早在半世紀前就生產世界第一支自動鉛筆，而在最近三十年其液晶事業也是傲視業界的。

該公司的廣告如是說：「COS-MOS石油選擇夏普液晶照明的理由」，內文則云：「COS-MOS從省能源、省資源的觀點，注目了液晶的有效性；開設了全照明液晶化的加油站，而夏普的液晶燈之長處有壽命長，使用電氣量低，再加上有排除蚊蟲集結的效果，因此被期盼而被採用。夏普在創意與技術上，正步步將社會導向於優良方向中」。

夏普公司自盼自己的目標未來與眾不同。

廣告盼人想好事，做好事

日本棒球隊組成後改名為「武士日本」，而其制服則採用美國品牌「布魯克士・兄弟」（Brooks Brothers）之西裝。美國的上述B・B品間藉此機會打出廣告，期盼日本武士棒球隊能凱旋榮歸。

B・B西裝的廣告，其標題云：「穿世界的，斬世界的」。其意清楚，即穿世界名牌西裝，打勝世界所有球隊。美國西裝B・B不但期盼日本棒球武士，也自盼自己西裝能藉日本武士打勝世界所有球隊而更揚名於世。真是美國大聯盟大谷翔平的二刀流的右投左打的技能。期盼他人自盼本身二者同時集於一體。真是難得！

有一則通路商Japanet刊登廣告，標題云：「當今好事，會更好，會持續」

內文大意如下：「當今好事到底是什麼？想像現在、探究現在、思考現在。認真去面對當今現在。當今好事會持續接連將來好事。良好的現在會創造更優良的未來。Japanet如此思考著。當今好事會更多、更長」。

廣告盼人想好事，做好事，則好事會滋生更多、更久。廣告自盼自己也盼望他人。

時間過隙，人隨著衰老。回頭看過去照片，難以認出自己的童年。有一則通訊廣告云：「想像不出自己會變成這樣子。」而其內文大意則為「自從有了孩子出生後，這孩子每天的高興、悲傷、快樂，就是我每天的高興、悲傷、快樂。每每看手機裡孩子的照片，我就想起了它。我願今後會增加我與孩子的回憶。」

廣告廠家的Docomo三種提案與眾人實現其期盼。Docomo也會獲他人之期盼。助人則會獲人助。人世間總是常有助人則人助，利人則人利之回饋現象。既使買賣行為也是賣方得利，買方有利的雙利局面。

充滿盼望、希望的廣告

人生前半段辛勤，後半段則可享受，而前後兩半段均是一個人的人生。有個建築廠家名「積水」的廣告，標題云：「人生的一半……緩慢過活」。其內文則云：「當今生活難得緩慢過日子，是因工作速度、行程多忙。積水房屋可給人解放感，與自然一體感。是嶄新的又是懷舊的」。

積水房屋公司秉五十週年推出此款房屋，盼望有人來購買。積水房屋的五十週年新建房屋，會使買者有懷念的感覺，會使購者有晉陞的愉悅。

總之，從上面七例看來廣告裡有人生期盼，祈望的作用。被人盼與盼他人應是人生常事。

原載於《動腦》No五二一，二〇一九年九月

廣告裡有人生之美

萬般皆美始自一點。一旦完成，不是很美嗎？

多年前在新聞局主推下，有一團人前往歐洲考察廣播電視事業，於英國入境時發生記憶猶新的一件事。

那時入境英國時要繳驗護照，有位團員拿了自己護照外，同時遞出了另一本。英國承辦員退回了另外那一本護照，且說：「一次一人」真有板有眼，這一動作使吾團遞出兩本護照的團員面有難色。

國度不同，規矩亦不同，若未能事先知曉則容易鬧笑話，此文化之差異矣！臺灣的挾帶、插隊已難見，然舊習難改就會露出於先進國家裡，陋習宜改，愈早愈好。

邁向超越歷史的未來 帝京大學

在創立五十週年時，帝京大學曾刊登一則廣告，其標題云：「邁向超越歷史的未來」，廣告內容則由一九六六年的校景照片，和二〇一六年的校景照片，及五十年大字，三個要件令人一目瞭然帝京大學之校園五十年來之進步。一經三者比較就會把進步概念植入人腦而令人思考。

日本國土有四島，北海道島是較晚開發的。如今島上完成了新幹線鐵道建設，而且一線連接本洲——九洲，可通四國島，實現了由北到南可貫通的長年夢想與努力。其過程定是艱辛！

於是長年的夢想與努力遂使其刊登廣告，宣示「花五十四年來從事一件事，吾等未屈服」！五十四年未屈服的鐵路建設應是代代相傳的艱苦事業。

上一代不僅傳下了艱苦與希望，下一代則承接了希望與艱苦，真是艱難的希望工程，此希望之實現將由後代子孫享受，而享受此希望果實的後代子孫，理應感謝前代祖先的勞苦。

衆人的支持之美

俗語說：先走先贏。這裡有一則廣告，其標題云：「這一步集有多少心思」，內文則摘譯如下：

二十六個隊伍，一百五十六位選手所踏出的第一步有眾多支助者在觀看。時常關懷的家族、鼓勵的友人、沿途加油的路人、支持大會的關係人，還有監督、指導、無法在現場的伙伴。

有「願跑快一點」的選手，就有「願多加油一點」的觀眾。人人將歡聲加諸在速度上。想像加在精神力上。喝采變在第二步上。當今，未來正在起步。支持更多的起步者。願持續支持跑步者。這是吾等不變的信諾。

吾等就是「起步」公司。該起步公司的信念——應是人、心、一切，貴在起步。

強強聯手 共創多贏

有一則化妝品廣告，廣告標題云：「購買日本第一的商品，可獲贈日本第一的商品」。該廣告商品廠家在廣告上訴求是日本第一名銷售量，本商品破三千萬盒並強調化妝效果在十秒內就見效。因得首位，故舉辦大大感謝活動，以抽獎回饋得獎品。

獎品內容有全國人氣第一名的溫泉旅館住宿券、世界最輕量吸塵器、日本最古老水果店之水果、內閣總理大臣獎、主要航空公司亞太機票等。是一流商品配一流贈品，定會引起大眾的喜愛感。

如今，人人已皆知大眾會影響商品之成敗。有家化妝品公司請作詞家、演出家為商品推薦。該廣告之標題云：「逆轉發想會改變女性。舞臺劇也必要以發想來顛覆常識。」

內文摘要則為：

不受常識拘束，對應要柔軟；戲劇如人生，一旦站上舞臺，何時會發生何事，是無法預知。這時要是具備「逆轉之發想」則容易脫險。

我曾監督一部電影的拍攝，名為「上帝之風」。在開拍前的企劃階段因故中止進行，但吾等堅持信念一定要完成它，也相信風向將會轉向。堅持中意外獲得援助，而得告完成，也得電影慶典上的獎賞。逆境裡也不服輸，強烈相信自己之願望，則奇跡也會發生。

奈良橋陽子接著說。

曾推薦一位洋人去演電視連續劇。此位洋小姐來自美國，根本不懂日語。是一種很大的挑戰。最終選上其理由是看上了她演技力與氣質。結果，連續劇一炮而紅；這使我感到發想轉換之重要性。

面霜定不會受到過去之常識拘束，而來個轉換發想，則其重大性將會獲得充分發揮。

正如代言人所說，逆轉之發想也會突破重圍。吾等常云的換個角度，換個位置等，應也會協助難題解決，而開創將來的新局！

逆向思考豈只會使女性一變，應更會使男性及社會更新轉變。吾等平民希望變的結果是善的，讓吾等可永續快樂幸福過活的。承接善果是吾等的期望而創造善果是責任。

團結助世界更好！

有一則廣告是「聖教新聞社」所刊登的。該廣告標題如是說：「故事的下續，應由你接續。」意味故事寫到此處尚未完成，理應由下代接著寫下去，否則會沒下文。

該廣告內文，摘要如下：「要實踐佛法的創價同志要有生活的哲學；就是任何人的生命皆尊貴、平等，皆有享受幸福的權利。見到友人之不幸則感其苦，而有祈願鼓勵其幸福能得的慈悲行動。是以全世界人民之心上，若有生命的絕對尊嚴之思想的話，則人類可為和平而結合一起。所謂和平建設，就是建立此思想，不斷擴大共鳴之輪圈。」

是的，和平界上人民一致的祈求與夢想，如不同種族能結合一起來共同努力將會美夢成真。

如能美夢成真，這會如另一則廣告的標題所說：「謝謝賜我感動。」而其內文摘譯則說：「有伙伴在，有朋友在，所以我能出力更多。絕非一個人可發揮出這麼強大的力氣。二十六支棒子，教導了這些。所有的終點就是其次的起點。有緣相會的各位，以心支援的大家，務請多鼓勵步步是新的驛傳馬拉松比賽。」這個加油廣告，是由起步機構帶領的共七家團體合同刊出。

總之，不管廣告上的一路走來公司竟已有五十年；一件事花五十四年方做成；比賽的第一步存有幾多心思；買第一品牌可獲品牌第一的贈品；逆向思考會使女性一變；故事的下傳要一脈相承；全隊一致的感謝有你在等。

告示了吾等廣告會傳播事成來自於人生一字。該是吾等日常生活上的起始，且是萬不可等閒視之的起點首步。萬般皆美起自一點。一旦完成，不是很美嗎？

原載於《動腦》No五二三，二〇一九年十一月

廣告裡的見證與體驗

感謝得機會助媒體開放

親身以廣告人身分，參與臺灣戒嚴、解嚴的媒體生態變化，以及擔任多項媒體開放相關評鑑小組成員，回顧過往種種，賴東明先生對於「獲得機會」心懷感謝。

約半世紀前進入廣告業界時，臺灣是戒嚴狀態，是蔣介石政府所宣佈的。離開廣告界時臺灣已是解嚴時代，是蔣經國政府所宣佈的。

蔣介石政府宣佈戒嚴，是怕中共侵臺，是為鞏固政權；蔣經國政府宣佈解嚴是認為反攻無望，還政於民。蔣氏父子在四十年間會有如此南轅北轍之迥然不同見解，應是環境所逼。

解嚴後，傳播媒體百花怒放

然此項不同決策卻使廣告面貌變成異樣。戒嚴或解嚴影響了傳播媒體的興衰，而傳播媒體卻需要廣告的大力支持。戒嚴時傳播媒體上的新聞要態度忠於領袖，受管制，而媒體上廣告創意定於中正，受管理。

解嚴後的傳播媒體則在新聞上百花怒放，各談己論，而廣告則百無禁忌，各自發揮。

身處在戒嚴與解嚴二種繁與鬆的廣告人，實在難以在短期間適應。戒嚴時廣告作品要事先提出申請，廣告作品上不得有紅星，廣告作品上不得有粗線黑框，廣告作品上不得有白袍人物出現，廣告作品上不得有裸露鏡頭，廣告作品上不得有政治含意等，記憶已模糊但不勝枚舉。

依稀記得有件廣告作品因星星套上紅色而被警總調去問責；有家廣告作品因訴求「鴻毛細語，清晰可錄」而被警總廣告且停行。有家廣告作品，因廣告「只要我喜歡，有什麼不可以」而被新聞局停播。

然在解嚴後情勢丕變，言論獲得自由，廣告創意也獲得自由。由是廣告作品之表現，題材也有外溢效應，而顯得多彩多姿。廣告作品也屢獲廣告國際獎之獎項，為臺灣爭取到多項意想不到的榮譽。由此證明了言論自由之可貴，它會帶動廣告的創意表現，使廣告多彩多姿。

解除戒嚴後的言論自由雖使大眾心花怒放；但，也使人忘記了社會上應該存在的自律與道德。致使新聞或廣告有目中無人之表現，而有時傷害到他人。遺憾！

戒嚴時代下的傳媒模樣

在戒嚴時代傳播媒體的廣告處理是這樣子的。

報紙方面，限三大張發行，分ＡＢ二版，份數是報社號稱的。然分ＡＢ二版也是報社自稱。有一天早晨，福特公司總經理打來問：「有沒有看到今天報上刊登本公司汽車上市廣告？」筆者答以「有」。他則答「本公司所登報紙並沒有！」事大了！筆者想報紙不一定分ＡＢ二版，應會有四版或更多版。

在電視方面是限時段上廣告或搭配，上廣告分時間提供與時段播出；女性用品廣告受限。

在廣播方面是「亂力怪神」節目充斥，藥品廣告包了廣播電臺，有「空中藥房」之譏，無照廣播電臺捉不勝捉。在雜誌方面印刷不精良，套色印刷而已。

以上廣告四大媒體，從廣告的立場而言，在量上不明、質上不精，很難讓國際品牌商品感到滿意。唯有嘆「只好接受」。

「不滿意，唯有接受」，「比沒有，還好」，這種話聽在廣告新鮮人的耳裡，心頭難過至極！唯有腦中激志，「有朝一日做給你看」。他人不滿之話語真激勵，刺激了產業有志之新鮮人。

在政府未輔導廣告業下，新生的廣告產業卻自勉自勵隨經濟成長，社會轉富之進步而成為眾人羨慕的一個產業。且成為亞洲四小虎之領頭羊，得以在一九六六年舉辦「第五屆亞洲廣告會議」，此時亦在戒嚴體制下。

政府在戒嚴體制下仍制訂了「獎勵外人投資條例」，以邀請外人資本來臺投資。這是因為美國的援臺行動，期限將屆。「美援將屆」，臺灣必須未雨綢繆。條例公佈之後，幸有外國廠商帶進了眾多商品與品牌，這些都不是臺灣人民所熟悉的。外商要使其投資成功，則要有行銷活動，而廣告已是其中之要角。

親身參與廣播評鑑小組

就隨臺灣經濟，廣告業也沾得利，在一九六〇年代如雨後春筍般興起。於是這二個力量——外國商品品牌與本國廣告代理——就給廣告媒體活水與缺水。這種局面就使人有意要將困局突破。

其一，廣播評鑑小組的成立。督導廣播節目之淨化。去除「亂力怪神」及「空中藥房」惡名，使廣告商品能在清淨空間播出其品牌。新聞局廣電局舉例了多案，其中有一案涉及筆者之早年創作，那是英倫ＢＫ化妝品，實屬幸福！

廣播評鑑小組之成員都是大學教授，而業界專家則唯獨本人一個。

民營廣播電臺之經營者，因鑑於評鑑小組執事認真，望人成功，發言銳利，遂使彼等認為要吊銷其執照。

為此事筆者上司聯廣董事長葉明勳曾表示關切。筆者呈報：並沒那麼嚴重。只是望其別再繼續做「出租時段」，坐收漁翁之利，因為廣播電波是屬於國家的，應由萬民共享。

廣播評鑑之後不久，新聞局修正了廣播電視法。將廣播電波頻道開放，任人申請開設。未知那些既有廣播電臺是否持續獲有電臺執照？雖非己事，卻也關心廣告媒體之健全！

電視第四臺開放！

一九九四年新聞局公佈申設第四家無線電視臺審議事宜。審議委員十一人中，筆者幸而名列其中，且被推為召集人。當時電視臺已有三臺，但常被認為是公家電視臺，痛心普遍性不足，因為臺灣電視臺有臺灣省政府投資，中國電視臺執政黨中國國民黨有股份，中華電視臺有國防部與教育部的投資，對此狀況一般民眾，尤其是異議之士均認為，明顯有違背民主之公平，力主開放電波。

大眾認為既然政治已解嚴，走向民主化，不該由一黨持續霸占天下所有電視臺。大眾開始有開放電視臺之要求，並展開運動。

委員十一人中，雖不精準，也可分類為民進黨派、國民黨派，第三派則偏國民黨派。在這種狀況下，做為審議召集人尤應立場保持中立，並應不露身手。並秉持大學時薩孟武教授之言，「民主政治是多民公平政治」。如是就不該有一言堂政治，而應有異言堂現象。

這次是好機會來轉型，雖然召集人在整個過程中不表露偏愛何黨派，但心中自有一把尺。在審議中常有不同黨派的要員來遊說，但均有禮回絕，堅持表示公平中立，直至最後在票數相等時才表態。

政黨要爭電視執照，是要以電視為政見傳播，廣告界要開放的第四電視媒體，是要有更多時間的廣告媒體。增一個新媒體，不僅政界得益，民間也會得利。廣告亦然。

三方勢力爭取營業執照，只有一方得勝，該方若能代表臺灣民眾之需求，則應是臺灣之幸。因為三方均是強手，各有電視經營之特色、多元、使命。審議委員難以取捨，雖各自有黨派色彩，但「為臺灣好」之志，理應相同。

審議委員十一名最後選出了會使臺灣好，符合時勢的第四無線電視臺「民間電視臺」。召集人落下擔子。也助臺灣傳播界走向公平競爭，邁向多元言論等原該有的傳播媒體市場，廣告界也因此有了更多可活用的廣告媒體了。不必再怨嘆「上一檔要上一舞」之電視三臺之氣了。

電視開放審議真令人壓力重重。不過，透過此機會加強了人情世故之認識，透徹了薩教授之教導，成全自成理念之堅持。

感謝賜與此機會的人。既然審議通過第四臺無線電視臺，則普遍於臺灣各地的地下有線電視臺，就不會有存在的價值了。政府應會展開取締工作；筆者則去函各新聞報社，請勿再使用「第四臺」名稱於地下電臺上。幸而很多新聞報社識理，從此「地下電臺的第四臺」就不再出現於報紙上了。當然「廣電法」之新頒有一助之力。

如此，做為廣告媒體之電視傳媒，就使廣告作業更單純，更容易掌握。但仍欠廣告科學化之收視率調查。

報禁解除研究小組

談了廣告傳媒，電視傳媒之開放，也該來談報紙傳媒。廣告業有所謂的四大媒體。意指廣告傳播要有媒體來協助傳播，協助力之大者有報紙，電視，廣播，雜誌等四者。

解嚴之後，政府馬上成立「報禁解除研究小組」由新聞局主其事，筆者則有幸被邀加入其工作。小組成員有九人，均是學者，廣告業則只有筆者一人。

九人小組的研究目的是「報紙解禁後，報紙將何去何從？」小組成員中，學者有曾在報社任職過的，各個是理論與實務的佼佼者。而且人人皆識理，溝通暢行。在召集人王洪鈞教授主持會議下發言踴躍，議事快捷，效率極高。

除了李瞻教授與漆敬堯教授兩位，因發行份數之事各持己見發生爭吵外，事情進行順利，決議需解除報禁。並對開放後之報社經營有所建議，憑記憶所及，有如下幾點：

一、新報與舊報採市場自由競爭
二、報紙張數最多六張
三、不得分版
四、發行份數力求公開

在這幾項當中，會影響廠商做廣告者為分版與份數。解嚴以前報紙媒體做為廣告媒體，真使廣告人傷透腦筋。因為發行份數不明，無法計算廣告之GPM（編按：廣告展示千次收益）；分版也多如牛毛，難以預測CPM（編按：廣告展示千次成本）。

經過九人小組呈給政府的建言，廣告人心中有喜，可寄望將來的作業客觀化、算計化，而走向廣告的科學化。

當九人小組議事時，《中國時報》與《聯合報》皆高唱其發行份數，都經過美國ABC發行稽核機構認證超過百萬份。如今該二報已式微，由開放後的《自由時報》在「發行公信會」稽核下獨占鰲頭。真是世事難料。市場競爭就是如此嚴酷！

解嚴後有成功的一報，亦有失敗的一報。不幸者一例。那就是康寧祥所創立的《首都早報》。創刊時大登廣告，以促其發行。其廣告促銷強調：「將有新內容滿足民眾，是民眾期待甚久的報紙。」

滿足眾人的心理，廣告作品表現之語調是相當激人的。有如乾旱中之驟雨，令人驚喜一番。

然《首都早報》之停刊，使眾人大大失望。九人小組成員也在會議中憂慮新報將難推倒舊報。但舊報亦有從此頓然失色退出市場的。

成功者則是由《勞工日報》改名為《自由日報》後，又改為《自由時報》者也。

經過廣播評鑑，電視開放，報禁解除等三項工作，臺灣的傳播媒體進入自由市場裡，而廠商就更容易將其納為廣告傳播的媒體。然這幾年來卻有異軍突起的網路媒體出現。代理廠商廣告的廣告公司，其經營勢必更難上加難。

在此祝福廣告公司以其豐沛創意超越重重困難，使廣告作品更能提升，以嘉惠眾人。雖然距離廣告作業的科學化尚遠，然傳播媒體的開放，有利於廣告更精準選擇傳播廣告的媒體。

是以感謝能有機會加入傳播媒體的開放。而傳播媒體依賴廣告收入來維持其經營、其命脈。有幸以廣告人身分協助傳播媒體之開放，人生難得經驗，也是終生一收穫。

總之感謝給我機會的人。

原載於《動腦》No五一三，二〇一九年一月

謝謝給機會宣揚臺灣

感謝有宣揚臺灣的機會，感謝賜筆者有此機會的外國友人。做為廣告人真有幸！

臺灣的知名度不高、理解度不清、偏好度不明等，應是國際人士一般見解，要超越這種障礙應是我們臺灣人應該努力的方向。

在臺灣有人有意識，而做出表現，令人同感。同感之餘也要訴諸行動，才能成為行動的一點一滴，壯大聲勢。如此，臺灣品牌方能超越障礙，與世界各國平起平坐。然行動之來源，則有自尋、受邀等多種。

宣揚臺灣人情味、科技化、和平心

在廣告人時代，筆者曾藉用國際扶輪臺北大會、亞洲廣告會臺北年會、國際行銷傳播經理人國際年會臺北大會上，與大眾宣揚臺灣，以盡一份力量。這些都是在臺灣本土宣揚，國際來客都是上等人士，感受臺灣的人情味、科技化、和平心等。

個人被邀到臺灣島外做宣揚臺灣的機會則有幾次如下：其一是在日本東京一橋大學，談「臺灣的媒體」，對象是博士班學生。談的內容有戒嚴、解嚴、地下電視、第四家無限電視臺、自我號稱印刷份數、計量調查、報禁、解禁等。臺灣的媒體已獲自由，然尚少自律。總之，已邁向日本，美國之媒體水準等。

講畢有多人發問，其中有人問：「去臺灣會有限制嗎？」筆者答以：「沒有限制，有如在日本自由自在。」

其二是澳洲墨爾本的臺灣協會，談「臺灣的總統直選」。對象是臺僑、華僑與澳商。談的內容有臺灣的政治、戒嚴、萬年國會，及間接選舉等。直選是華人史上首次，直選是自由，民主的表現；直選是公平的競爭等。講畢掌聲滿堂。有人問：「以後，臺灣仍會平靜安全嗎？」答以：「是公平的產物，公正的程序，公開的選擇，還會有異議？」

臺灣人選自己頭家

其三是日本ＭＣＥ東京，談「臺灣總統直選」，對象是該協會會員。內容是：間接選舉變成直接選舉的首次，臺灣人在選擇自己當頭家，三組候選人均屬優秀，各有特色；對岸曾射砲彈來想嚇騷擾；選「自己頭家」活動和平結束。

講畢，有人發問：「為促銷，有無賄賂情事發生？」答以：「直選，人人有覺悟，家家有自愛。可能難免有隱藏的行為，然大眾皆滿意結果。」其四是日本廣告代理同業協會，談的題目是「總統直選與廣告」，對象是該廣告協會的會員，及會員的廣告客戶。談的內容是：轉變臺灣現狀的轉捩點；不分省籍的臺灣居民之一生大事；不再被動受統治而主動選出「自己頭家」來統治；總統是自己選的，頭家是自己挑出來的；是臺灣居民拋棄專制政治轉型為民主政治的轉捩點。

廣告方法有理性訴求與感性訴求，有求理解度與偏好度，有求期待度與肯定度等。講畢，有人發問：「選後有發生暴動否？」答以：「騷動有之，暴動則無。」此時只覺臺灣鄉親真令人肅然起敬。也自覺臉上有光。

總統直選的策略

其五是亞太行銷聯盟，談約是「總統直選的策略」，對象是亞太會員產官學界，產銷業界的中堅級以上主管。談的內容是，人品勝過名牌；過去業績保證競選諾言；以可視化說服空口化；以具體克服抽象；盡說自己長處以攻他人短處；利己而不傷人；定位自己以區別他人；於是李、連競選總部就把臺灣選民定位為頭家，請頭家踴躍投票給李登輝，以挑出選出會做事的管家李登輝來做總統。

一邊尊重頭家的選民，一邊訴求管家的李登輝總統候選人。講畢無人即刻離席。有人發言：「這種定位，吾等日本人想不出來」，於是現場響起滿堂掌聲。

想來，場場有此起彼落地發問，心中就生起暗喜；因為要講對方指定的題目內容前，定會先簡介臺灣的政治民主，經濟創新，社會均富，文化多元等，如此使聽眾能有對臺灣之認識，也暗自感謝給我此機會的人。獲邀是榮幸之事，但該以好的內容來符合其期望，方是有禮。

其六，日本行銷協會會長是三得利公司副會長島井道夫。談的題目是「總統直選與策略」。對象是日本企業界、傳播界、學術界、廣告業界、公關業界等人士。

談的內容有：一、臺灣史上首屆總統直選。二、選民是選總統的頭家。三、是一個轉捩點，由專制政治轉向民主制的機會。四、是自主機會的來臨。五、是李登輝品牌的優質性，本土性等。講畢，發問者至為踴躍，讓司儀田嘉昭總幹事窮於應付。

講演時可照自己思路進行，而回答提問則較難。因係要照對方思路，又要使用對方的日常用字遣詞。實在極辛苦，但念在為家鄉，宣揚臺灣，也覺機會難得，實在幸運何苦可言！

感謝有宣揚臺灣的機會

其七是日本岐阜縣古川町的町長旗下的公務員，該町觀光協會會員，談的內容是：臺灣好鄰居基金會的公益內容，有一、清掃臺灣，與國際公益社團合作，有二、搶救臺灣古老老店，有三、遴選現場人員獲日本高島屋百貨店百年慶獎學金赴日實習，有四、遴選身心障礙青年赴日愛心基金會學習，有五、舉辦「樂活」講座全臺巡迴講演。

講畢，該觀光協會會長村坂有造提問：看到有女士參加貴基金會活動，吾等古川町社區振興活動，一直無女性來共襄，實在慚愧。令人不知如何作答。然之後，古川町社區振興活動組團來臺灣交往就有女性三人。

總之，見到場場有不停掌聲，不斷發問，心中就生暗喜。感謝有宣揚臺灣的機會，感謝賜筆者有此機會的外國友人。作為廣告人真有幸！

原載於《動腦》No五一五，二〇一九年三月

感謝出差得享受美食

出國出差，是苦事，但能吃到美味，則是得了附贈品。

過去難得有機會去歐洲出差，但也曾隨團去了幾次。難忘那幾次的考察之旅。

一次是隨MCEI團參加在瑞士日內瓦舉行的國際聯盟會議，第二次是參加CLIO獎的頒獎典禮，第三次是參加MCEI比利時安特沃浦的聯盟會議。第四次是來回路過歐洲的IAA國際廣告會議。

其中，有廣告的、有行銷傳播的國際性案例汲取機會，真要感謝給我機會的人。這種機會使筆者的專業程度更成長、人際關係更圓柔。

除了有益之處甚多之外，又有機會品嚐到美不勝收之當地美食。茲藉紙張談談有味的異國餐飲，只透過文字，而無圖片以佐強，實抱歉之至！敬請諒解。

味香撲鼻肉質柔軟的德國豬腳

首先是德國豬腳，餐廳在一棵有百年歷史的大榕樹下，是吾老友王柏郎醫師夫婦宴請的，端來的豬腳，其大無比，可比在臺灣常吃者之二、三倍大。團員先此，個個見怪而驚呼，是見怪但是驚喜的表現。

豬腳形狀大，嚇壞了少見多怪的東方來客，但一旦吃起來，其味香撲鼻，其肉質柔軟，此豬腳餐食又使團員藏不住高興大喊好吃，驚動了餐廳眾客，轉頭或側頭來看究竟何事。

談了豬，再來談牛。在瑞士的歡迎宴會，首次有機會品嚐道新鮮的牛奶，吃驚又滿意，猶如仙人享受。又有一盤又大又圓的，內裡整齊排滿著插有小旗子的黃色方塊。在主人勸進下，拿來嚐一口，頓覺長途旅行之疲勞消失殆盡。

此插旗黃色小塊，乃是起司也。

只覺味美，乃又伸手拿一塊，更覺味道更上層樓，何在乎主人之勸進！

在日內瓦的ＭＣＥＩ歡迎會上有長笛吹奏演出。其吹奏聲音震動了天花板上的裝飾品。令人驚奇又喜，而喜形於色。長笛響亮於山谷，以此管理飼養牛群，牛奶新鮮，奶油甘。

法國麵包與香檳的滋味

在瑞士上癮了香檳，到法國巴黎又是香檳迎人。香檳迎人，但，在巴黎遇到了礦泉水也迎錢，甚感奇怪，喝水要付錢；其怪感尚未消清，在幾年後，臺灣也要付錢才能有水喝。

想起少年時家居鄉下每年會逢旱季，在無自來水狀況下，要與兄妹等前往水潭挑水來吃，則付費買水之怪就不會有怪了。

法國的香檳味美，應是其水來自空氣新鮮的阿爾卑斯山，來路不簡單猶如挑水過程。是以香檳有價值，並有價格。

在巴黎的早餐如能吃長條麵包再配以香檳則可以回味一番。家兄曾留學巴黎大學研究數學，學成後帶回來的除了一張證書外，就是一條長條麵包（Baguette）。故已知其好味。因此考察團到巴黎後乃推薦此長條麵包與香檳之合吃。

巴黎真是吃都。除了上述二項飲食品令人可感外，上有甚多小商店，飲食店多有星星牌證。記得四弟在巴黎留學時要請吃飯，乃前往有米其林標誌的小餐廳，誰知三人中獨獨四弟不可入店，此乃四弟著便服，此有違其店規。乃說情遠道慕名而來，難得有此行，可否網開一面。店員不領情。吾等之人欣欣然去，卻悻悻然回。

寫到此，想到扶輪社例會。其例會是計謀扶輪服務的機會，不是吃喝玩樂的場所。可惜的是最近常有服裝不整的扶輪社員熱心來與會。要矯正公眾對吃喝玩樂的扶輪形象，扶輪人應本身端正其身形肅正其心態。該心懷先已立而後立人。

地中海沿岸的Bouillabaisse海岸鍋

沒有機會吃到米其林餐廳的飯菜，卻吃到地中海沿岸的Bouillabaisse海岸鍋。鍋內放有約十種地中海魚蝦於一鍋中加上番茄在火上燉烤。雖要等待，但等待就是期待。等待有新鮮美食可果腹，期待有異國美味可成為人生回憶之點滴。

餐廳老闆告知海鮮鍋配上山丘產白葡萄酒飯味會更美。先以為是老闆在做生意，然在事後卻覺老闆之言，值四顆星。也值得花計程車錢，從坎城直奔威尼斯專程去吃一頓海鮮鍋。

後來臺灣有團去坎城漁村參加廣告影片頒獎典禮，告知有地中海海鮮鍋可吃。不幸該團性急，在未到坎城之前的馬賽就要品嘗。不幸因法語發音不準只吃到各色各樣的魚鮮，而沒嘗到各色魚在一鍋內的海鮮美食。真為可惜！

法國北部有比利時國，其國境內有安特沃浦，是漁港也是世界著名研磨鑽石中心。陪太太在街上散步，一路晶晶閃閃，只可惜口袋清清。晚上精品店關門休息，唯有餐廳開門迎客。進了不甚起眼的餐廳，要海鮮的Moule清蒸貝品。店員走了後，即刻帶來一個桶子放在食桌底下。原不知其用意，問之則答曰：丟棄貝殼用。頭腦仍是一片霧煞煞。待其送來約有臉盆大的盛裝的貝類時，方知茅塞頓開，罵自己愚笨。

貝類雖是清蒸，但不加料也味美。一個接著一個心花怒放地吃，沒有貝肉的殼子，則個個丟進桶內。貝肉漸漸少而貝殼則漸漸多。餐桌之上與下演著反比例的趣味。人生取捨，亦如是。

總之，出國出差，是苦事，但能吃到美味，則是得了附贈品。能參加國際性廣告行銷活動致使修養、專業能更成長、更踏實，要感謝上司葉明勳董事長。我永遠的導師。

原載於《動腦》No五二九，二〇二〇年五月

日本廣告帶給我感動

作　　者／賴東明
責任編輯／尹懷君
圖文排版／蔡忠翰
封面設計／蔡瑋筠

出版策劃／秀威經典
發 行 人／宋政坤
法律顧問／毛國樑　律師
印製發行／秀威資訊科技股份有限公司
114台北市內湖區瑞光路76巷65號1樓
電話：+886-2-2796-3638　傳真：+886-2-2796-1377
http://www.showwe.com.tw
劃撥帳號／19563868　戶名：秀威資訊科技股份有限公司
讀者服務信箱：service@showwe.com.tw
展售門市／國家書店（松江門市）
104台北市中山區松江路209號1樓
電話：+886-2-2518-0207　傳真：+886-2-2518-0778
網路訂購／秀威網路書店：https://store.showwe.tw
國家網路書店：https://www.govbooks.com.tw

2020年8月　BOD一版
定價：360元

國家圖書館出版品預行編目

日本廣告帶給我感動 / 賴東明著. -- 一版. --
臺北市 : 秀威經典, 2020.08
面； 公分. -- (新視野 ; 67)
BOD版
ISBN 978-986-98273-8-6(平裝)

1.廣告業 2.廣告案例 3.文集 4.日本

497.07 109010841

讀者回函卡

感謝您購買本書，為提升服務品質，請填妥以下資料，將讀者回函卡直接寄回或傳真本公司，收到您的寶貴意見後，我們會收藏記錄及檢討，謝謝！

如您需要了解本公司最新出版書目、購書優惠或企劃活動，歡迎您上網查詢或下載相關資料：http:// www.showwe.com.tw

您購買的書名：________________

出生日期：______年______月______日

學歷：□高中（含）以下　□大專　□研究所（含）以上

職業：□製造業　□金融業　□資訊業　□軍警　□傳播業　□自由業

□服務業　□公務員　□教職　□學生　□家管　□其它______

購書地點：□網路書店　□實體書店　□書展　□郵購　□贈閱　□其他

您從何得知本書的消息？

□網路書店　□實體書店　□網路搜尋　□電子報　□書訊　□雜誌

□傳播媒體　□親友推薦　□網站推薦　□部落格　□其他______

您對本書的評價：（請填代號　1.非常滿意　2.滿意　3.尚可　4.再改進）

封面設計____　版面編排____　內容____　文／譯筆____　價格____

讀完書後您覺得：

□很有收穫　□有收穫　□收穫不多　□沒收穫

對我們的建議：________________

____

____

____

請貼
郵票

11466
台北市內湖區瑞光路 76 巷 65 號 1 樓
秀威資訊科技股份有限公司 收
BOD 數位出版事業部

....

（請沿線對折寄回，謝謝！）

姓　名：____________　年齡：________　性別：□女　□男

郵遞區號：□□□□□

地　址：________________________________

聯絡電話：(日)____________ (夜)____________

E-mail：________________________________